手缝时光

我的拼布日记

蔡燕燕 著

凤凰空间生活美学事业部 出品

江苏凤凰科学技术出版社

前 言

丰富的色彩、精致的设计、细致的拼接，接触到拼布的一瞬间，它就在我心中刻下了深深的烙印。在这座南方的海边小城，“小手拼布教室”已经九岁了。从当年的“拼布爱好者小手”到现在的拼布老师“小手燕燕”，每一次设计出满意作品时的欣喜、作品获奖得到肯定时的自豪、指导学生独立完成作品时的感动、作品获得大家喜爱的欣慰，都一一记录在这九年的时光中。

如果说人生就是一场未知的旅行，坐上了一趟开往远方的列车，车窗外的风景随着岁月的流逝不停变换，我挑选出绚丽的布料，用手中的针线拼接，将沿途经历的美景幻化成一个个精致的拼布作品，记录着生活的美好。还记得孩子四岁生日时，我将他从出生至四岁所穿过的衣服汇集起来精心挑选，将它们融入一床名为“陪伴”的拼布被中，作为送给孩子的礼物，也是送给自己最珍贵的纪念品，这作品不是我做得最好的，却浓缩了四年生活的点点滴滴，承载着一个母亲对孩子最真挚无私的爱。陪伴，是最长情的告白，我将继续用拼布的方式，记录岁月静好，春暖花开。

时隔三年，再次将部分作品收录出版，承载着的是我对生活的感悟，对美好的诠释，每一件拼布作品都是从指间创造的温暖，拥有着独特的温度，将它们的做法编撰成册，希望能够传递幸福与温情。

salt in
bowl.
add
soup
fresh
Reduce
rooms
to contain
fresh
5-10
wine
green
fresh

目录

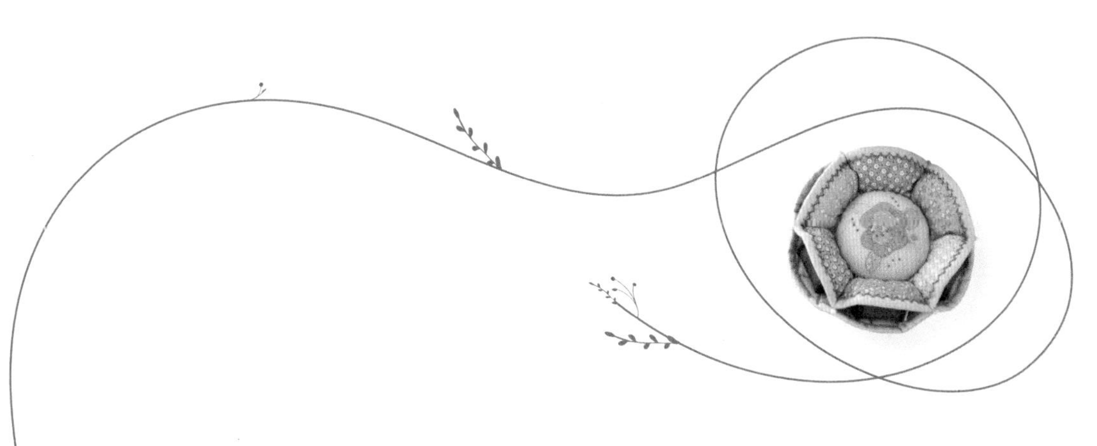

Corbu

工具介绍

基础工具

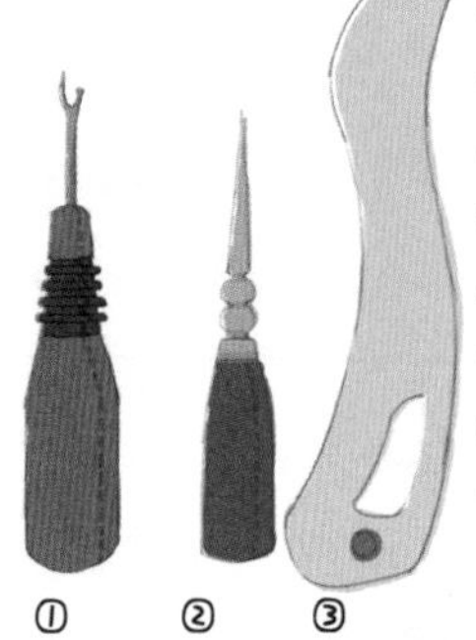

①拆线器
②锥子
③骨笔：在贴布时，用骨笔先沿着贴布线按压痕迹，可以更准确地进行贴布。在分开缝份或需要清晰地做出布的折痕的时候也可以使用骨笔。在不方便使用熨斗熨烫的时候，用骨笔做折痕很方便。

布用复写纸

画贴布图案的时候用，可以把纸型上的图案转印到布料上。最好使用专门的布用复写纸

针

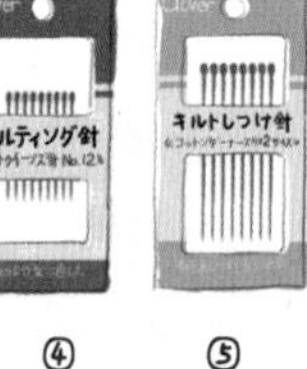

① ② ③ ④ ⑤

①拼布针组
②压线针：在压线时使用的较软的针。
③疏缝针：疏缝的时候使用的粗长针。
④拼布针：将布片拼接在一起用的针。
⑤贴布针：在拼布和贴布的时候使用的细尖针。

珠针

①拼布用珠针（比较长的珠针），临时固定布料时使用。在拼布的各个步骤中都可以使用。
②贴布用珠针（比较短的珠针），在贴布时使用。尤其是在固定小布块时短珠针更方便。
③机缝用珠针（细长的珠针），机缝的时候使用，缝纫机可以顺利地通过。

布用胶棒

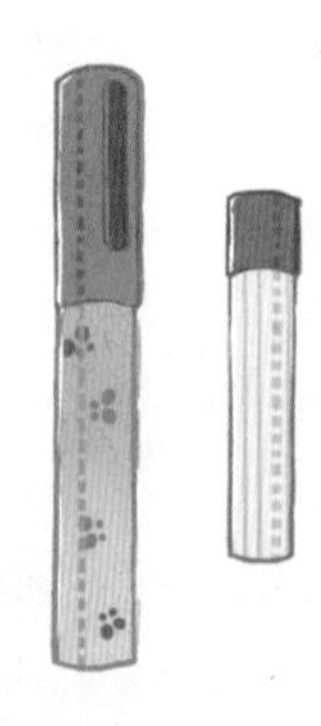

线

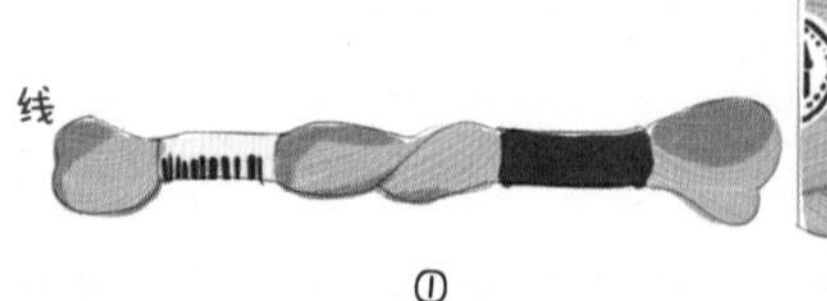
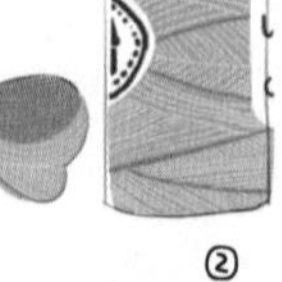
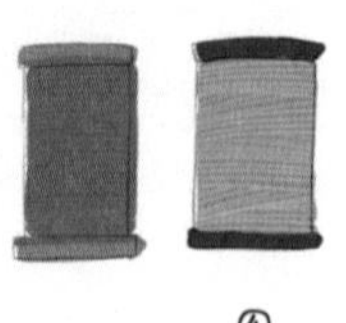
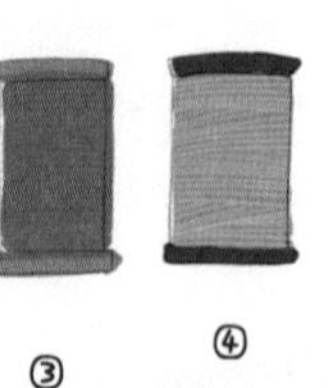

① ② ③ ④

① 刺绣线 ②手缝线 ③压缝线 ④疏缝线
根据材质不同可以分为棉线、合成线等。手缝线比较结实耐用，疏缝线则比较容易拽断。根据不同的用途，选择适当的线。拼布和压线时选择与布料搭配的颜色会使作品更加漂亮。

笔

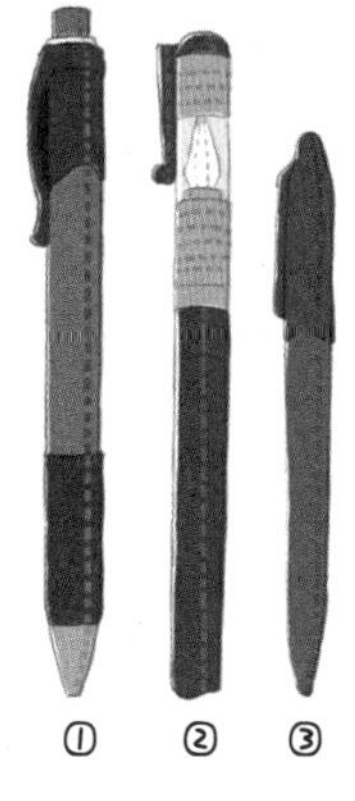

①布用自动铅笔

②水消笔：在布料上画图案时使用，遇到水时画痕会消失。有多种颜色可以选择。根据布料选择颜色对比明显的水消笔。

③热消笔

剪刀

①

②

③

④

按用途可以分为裁剪布料的剪刀、裁剪纸型的剪刀、方便修剪贴布用的贴布剪刀、修剪线头用的小剪刀等。根据不同用途选择适当的剪刀，会延长剪刀的使用寿命。

① 剪线用剪刀 ②剪纸用剪刀

③剪布用剪刀（小） ④剪布用剪刀（大）

拼布尺

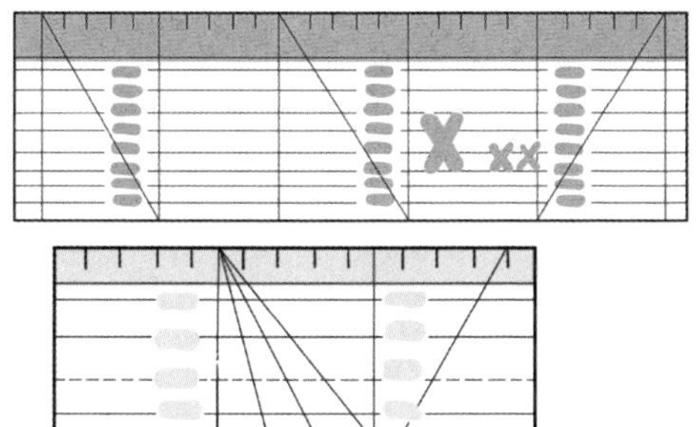

带有方格和平行线的尺子，在制图、制作纸型或者画线的时候使用。长、短尺子各准备一把，结合起来使用更方便。

各种造型扣

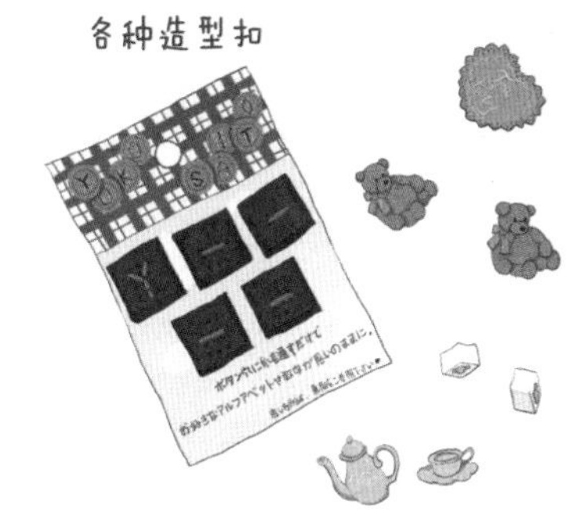

顶针

根据材质可分为橡胶顶针、皮顶针等；根据形状可分为环形顶针、杯状顶针等。顶针在拼布时可以保护手指，根据个人喜好选择适合自己的顶针。其中橡胶顶针一般戴在食指上，防止针打滑。环形顶针一般戴在中指上，协助推针。

拉链

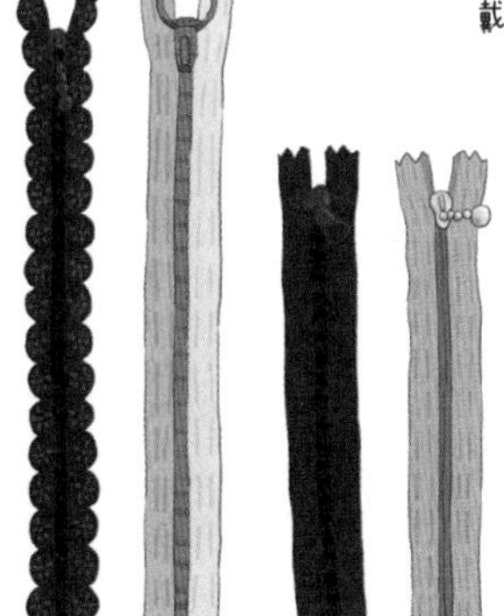

磁扣、暗扣

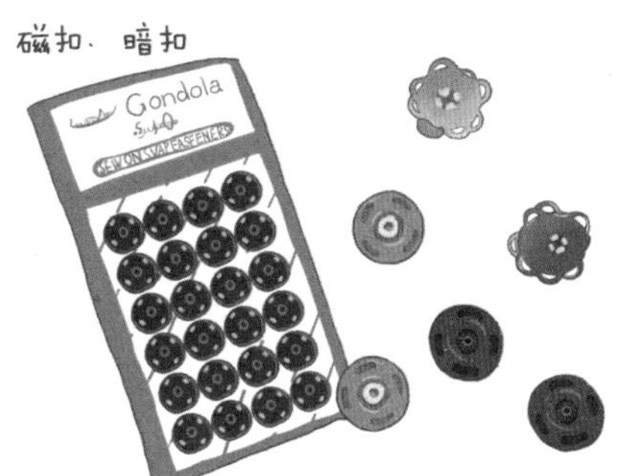

制带器（不同宽度）

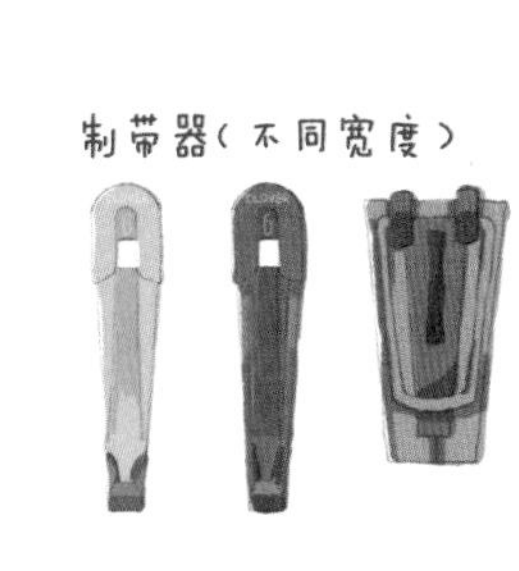

拼布常用语：

1. 表布：完成品的表面布。

2. 里布：完成品的里面的布或者壁饰背面的布。

3. 坯布：压线时铺棉下面放的一层布。压线之后另外做里布或者内袋。坯布不会显露在外面。

4. 返口：两片布缝合后，要翻回正面所留的开口。

5. 合印：布与布拼接时，在合对位置所做的记号。

6. 缝份：布块完成尺寸之外，为缝合所留的多余布宽，若未特别说明皆为0.7cm。

7. 完成线：作品完成时的线。

8. 缝份线：加了缝份之后的线。

9. 牙口：两片布缝合后，在缝份处剪开的小口，可使作品翻回正面时弧度比较漂亮、不紧绷。

10. 落针压线：沿着布块拼缝处或贴布图案的轮廓边所做的三层压线，这样可使图案更有立

11. 铺棉：表布与里布中间的棉，能使拼布作品更加厚实、压线后有立体感。有无胶的铺棉，也有带胶的铺棉，用熨斗熨烫就能粘在布上，省去了疏缝的步骤。根据教程的指导选择合适的铺棉。

12. 疏缝：用线暂时固定的缝合，也叫假缝，完成作品后拆除。

13. 三层压线：在表布和里布的中间放入铺棉，按照表布（正面朝上）、铺棉、里布（正面朝下）的顺序重叠好，用针线把三层缝合固定（缝合时固定即可，不可拉扯过紧），可因缝合塑造出立体效果。

14. 缝份倒向：布块拼接后，缝份倒向一侧，方便熨平。

15. 毛边：布块裁剪后未处理的布边毛端。

16.YOYO：是由一片圆形的布，沿着边缘疏缝后收紧线，做出来一个有着均匀褶子的圆形花儿。

手缝针法：

平针缝

以细针脚沿水平方向缝合，是缝合布块时使用的基本缝法。

回针缝

第二针重叠前一针的针脚再缝合一次的缝法。通常在起缝和止缝处才采用这种缝法，可防止缝份开线，避免针脚浮起。

藏针缝

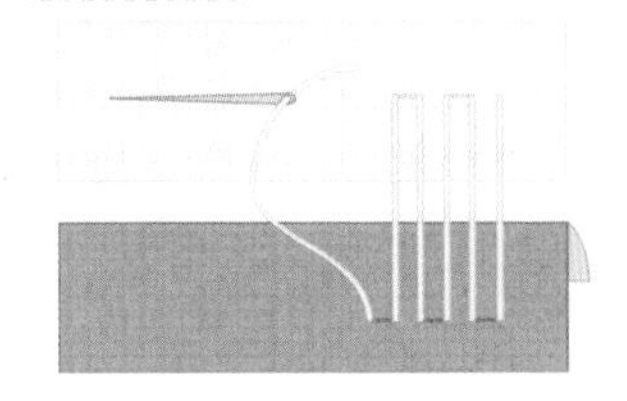

缝合塞棉口、返口等开口时可采用这种缝法。拉紧线后在表面看不到线迹。

卷针缝

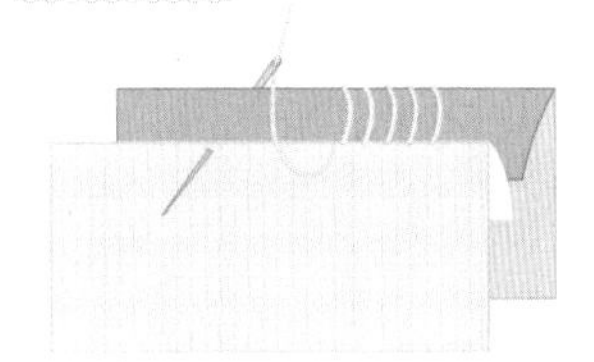

在 2 块布窝边的边缘重复向同一个方向缝合，拉紧线时卷成一道缝线。

贴布缝

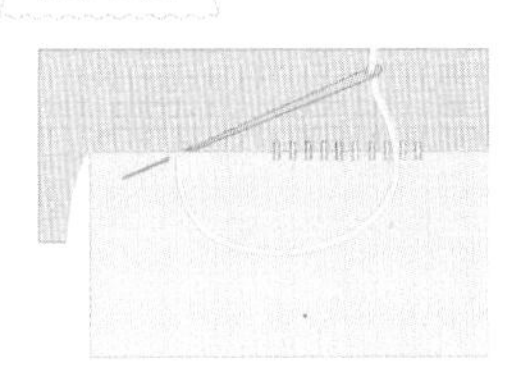

在窝边处让线呈直角横跨两片布缝合。贴布缝时可采用这种针法。

拼布的基本技巧：

布 纹

横布纹

包边条

斜裁布

布边

直布纹

图中的箭头符号即为“布纹”。布纹指布料的纵横织目。布纹在纵横方向都正确无误地交织的话，布料就不会歪斜。拼布时，将画在各布片上的箭头符号对齐布纹的纵向或者横向进行裁剪。布纹和箭头符号不对齐裁剪的话，就会变成斜裁布。斜裁的布料会有适度的伸缩性，适合用作贴布的布片及包边条。

做记号与布块

将纸型放在布料上，以 2B 型铅笔沿纸型画线。普通的布片画在反面，贴布用的布片画在布料的正面。缝份留 0.7cm（贴布用布片留 0.3~0.5cm）。剪下来的布料就叫“布块”。将布块与布块接在一起的工作就叫拼缝。

拼缝的技法

分割缝法

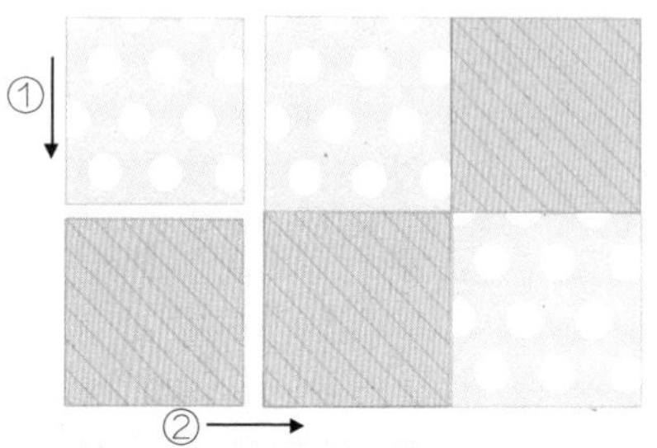

用来连接正方形等图案时的缝法。布片由布端缝到布端，缝好数个布块后再将全部布块组合起来。

镶嵌缝法

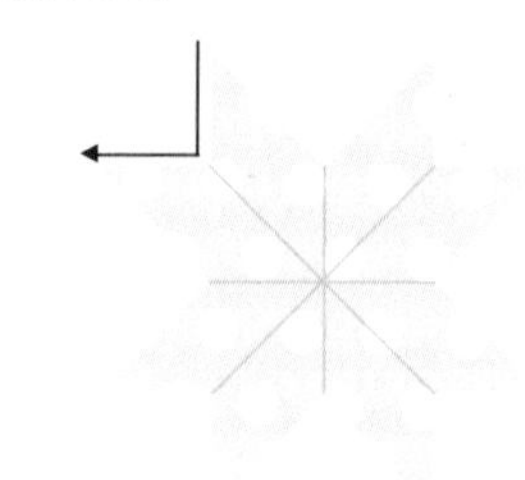

无法使用分割缝法的图案就将该部分缝到记号处为止，然后再将可以镶嵌进去的布片接合缝入。

由点缝至点：使用镶嵌缝法缝合两端时就是用此方法。

由端缝至端：以分割缝法缝合两端时，就是从布端缝至布端。两端各用一针回针缝。

由端缝至点：只从其中一端用镶嵌缝法缝纫时，就只缝到镶嵌侧的点为止。

疏 缝

疏缝前的准备

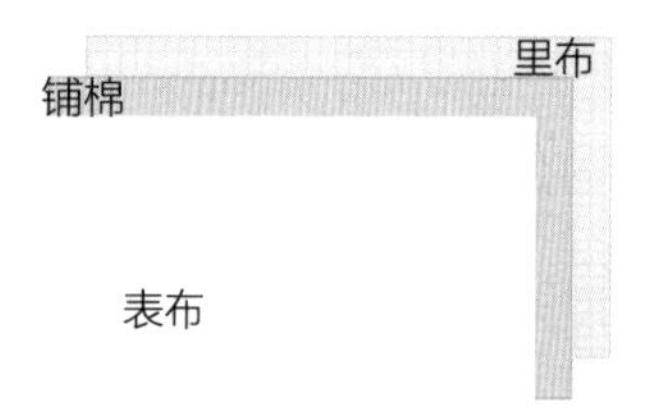

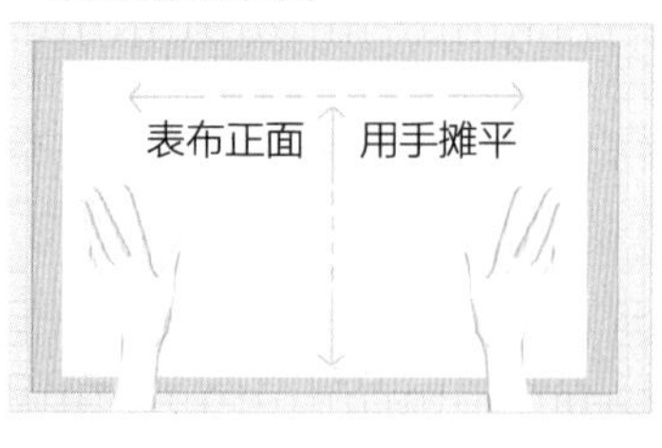

按照表布、铺棉、里布的顺序重叠好，从上面用手把三层材料均匀地摊平。

疏缝的方法

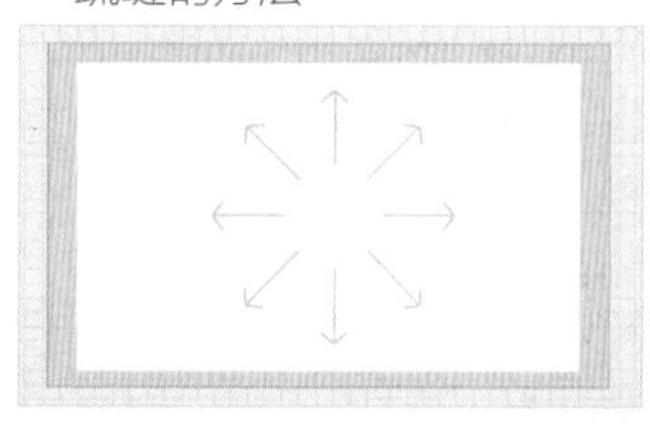

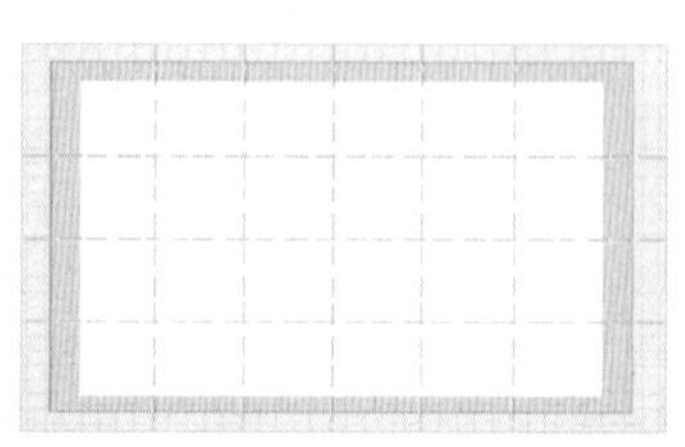

大部分情况是由中心向外侧以放射状疏缝。做小物品时，也可以用格子状的疏缝方法。

包边条的做法：

包边条的做法有两种。
用量少时就用“先裁剪再缝合”。
用量多时就用“先缝合再裁剪”。

先裁剪再缝合

先裁剪再缝合：裁剪长度20~30cm的布料，如图沿45°角裁剪出所需的宽度。

长度不足时就将相同的布条连接起来使用。注意缝合后摊开缝份。

先缝合再裁剪

反面

正面

缝份

将布料裁成正方形，画出45°的对角线并裁剪开来。

将裁好的布料正面相对如图示重叠起来并缝合。建议使用缝纫机，这样不容易脱线。

摊开缝份，沿着布端画出所需宽度，将布料的一端与另一端错开一格记号，重叠并缝合。

缝好后呈筒状，如图沿线剪裁即得到一长条包边条。

压线：

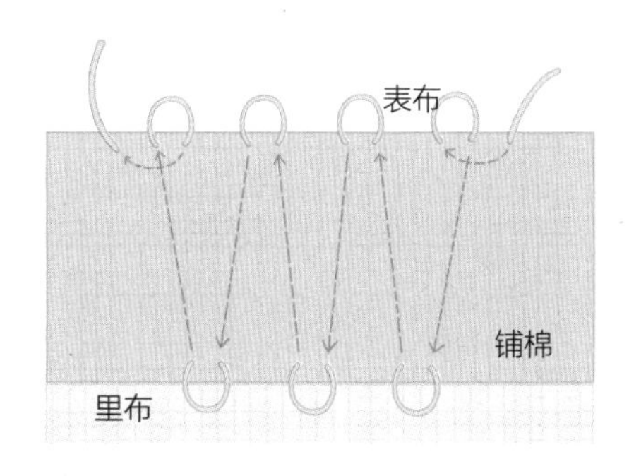

第一针从表布开始入针，把线结拉到铺棉里面。缝一针回针再继续平针缝合，结束时也一样要缝一针回针缝，将线结隐藏到铺棉内。

刺绣针法:

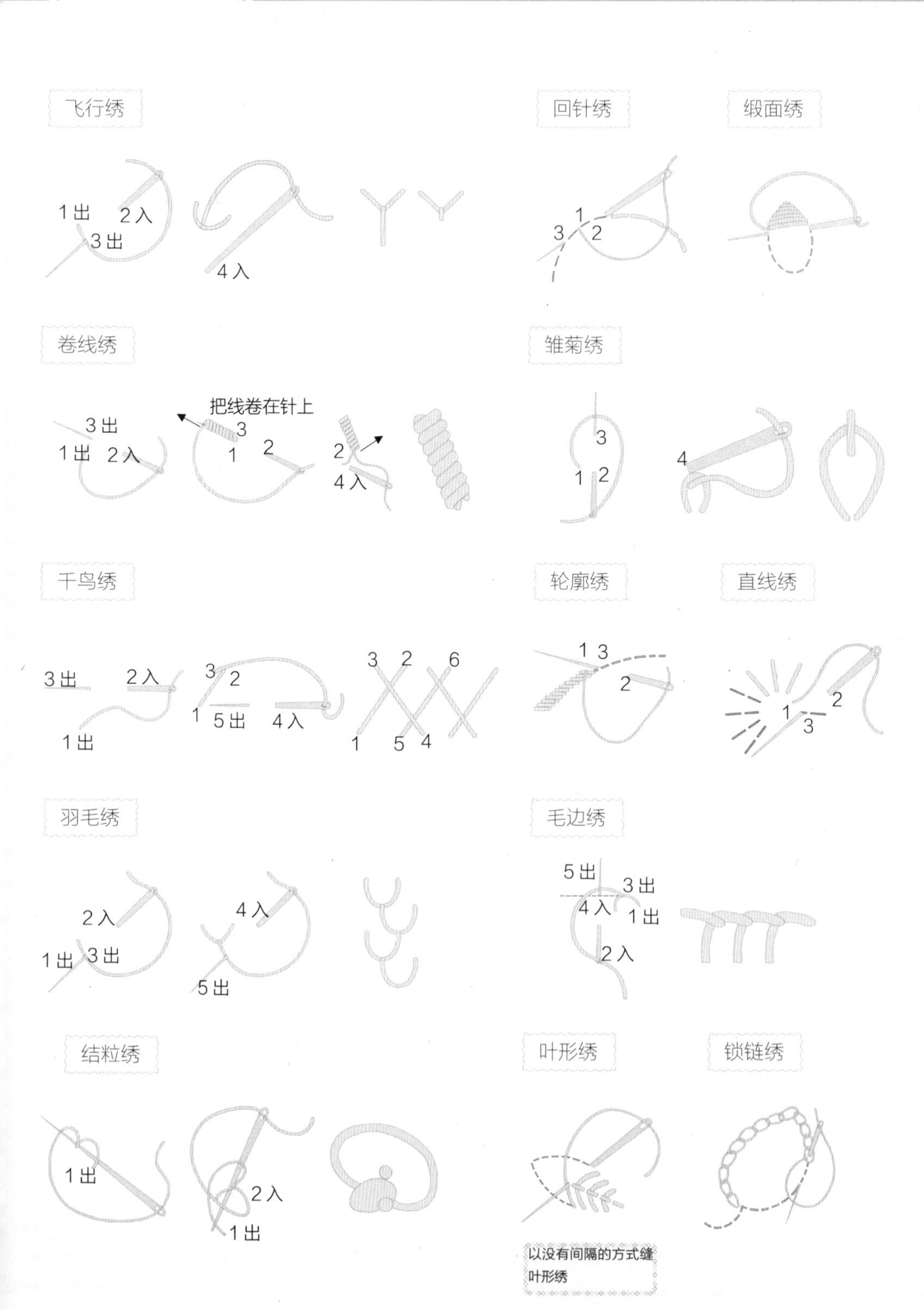

飞行绣
1出
2入
3出
4入
回针绣
1
2
3
缎面绣
卷线绣
3出
1出
2入
把线卷在针上
3
1
2
2
4入
雏菊绣
3
1
2
4
千鸟绣
3出
2入
1出
3
2
1
5出
4入
3
2
6
1
5
4
轮廓绣
1
3
2
直线绣
1
2
3
羽毛绣
2入
1出
3出
4入
5出
毛边绣
5出
3出
4入
1出
2入
结粒绣
1出
2入
1出
叶形绣
锁链绣
以没有间隔的方式缝
叶形绣

制作步骤

开始 ▶

• 可爱小萝莉

材料：
拼布用布5色各适量、
里布28cm×45cm、
25cm双向拉链一条、
蜡绳20cm。

成品尺寸：长15cm，宽10cm，厚10cm

用粉嫩的配色表达永远的少女心，就让可爱的小姑娘帮你收纳零碎小物吧！

下述尺寸如无特别说明，拼接缝份另加 0.7cm。

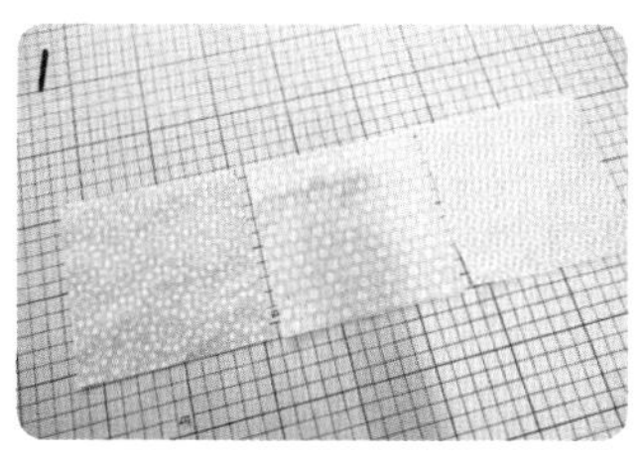

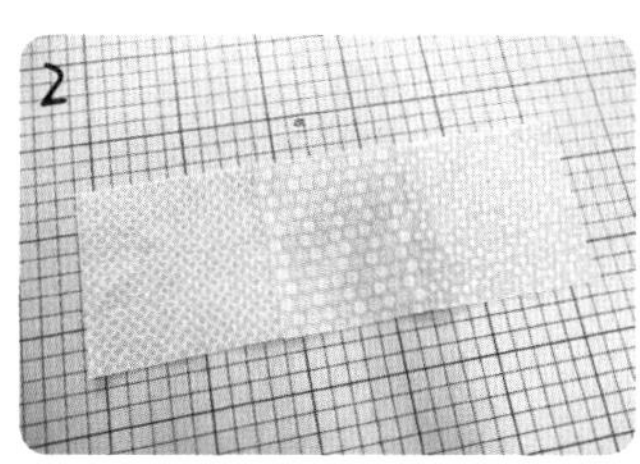

1. 剪裁 3 片边长为 8cm 的正方形布块。
2. 如图拼接成长条形。

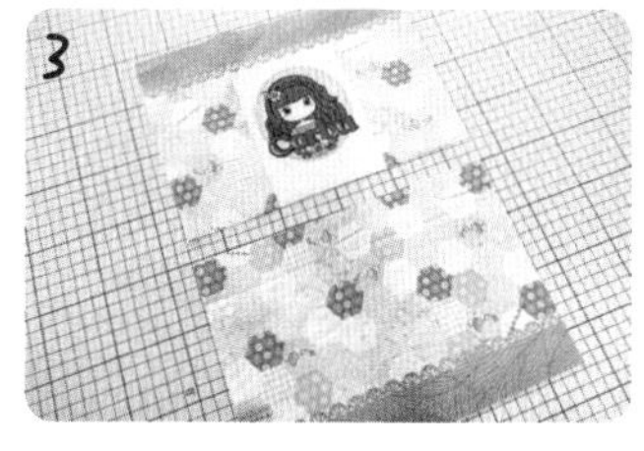

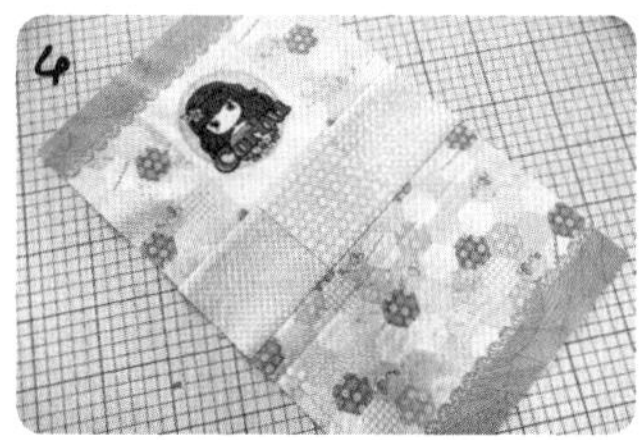

3. 剪裁 24cm × 15cm 的前片后片各一片。
4. 把步骤 2 中完成的长条形布块与前片后片拼接成表布。

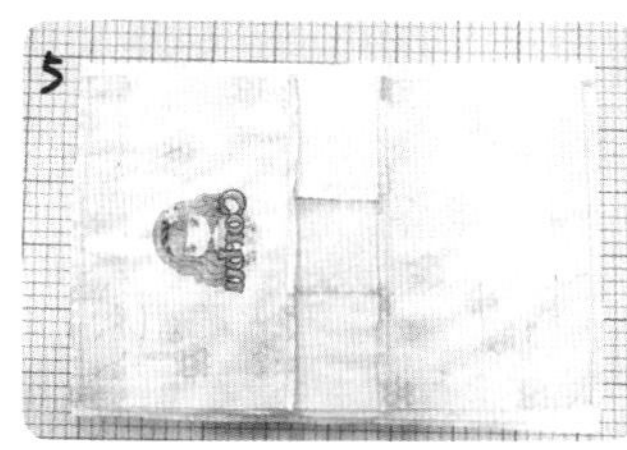

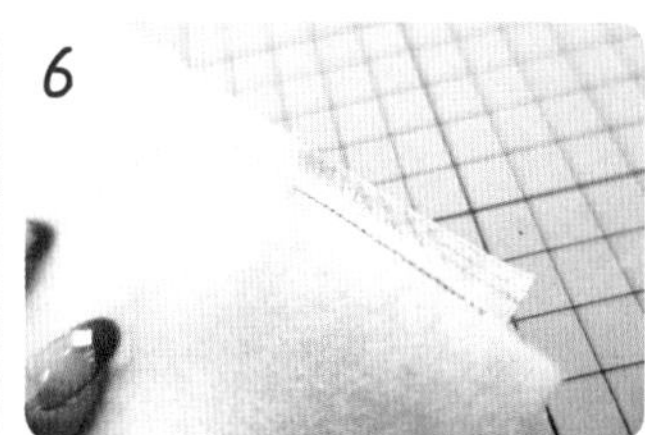

5. 表布正面朝下，里布正面朝上，叠在铺棉上，沿 0.7cm 缝份线缝合两短边。
6. 修剪掉缝线外多余的铺棉。

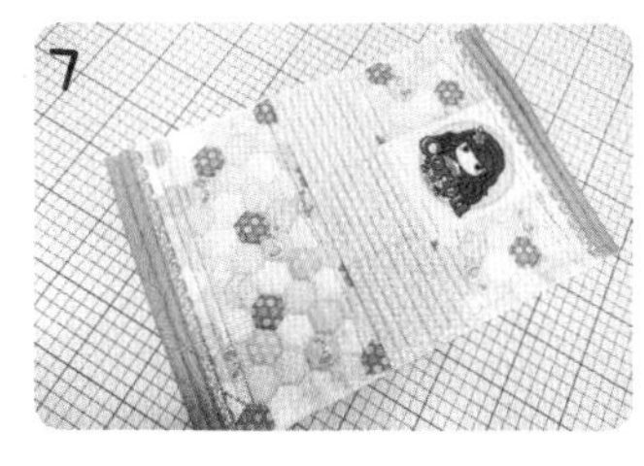

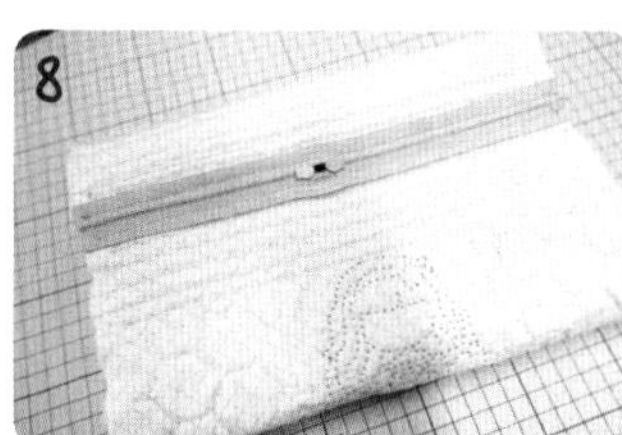

7. 翻回正面后，疏缝并压线。
8. 在内里面包口处缝上拉链。

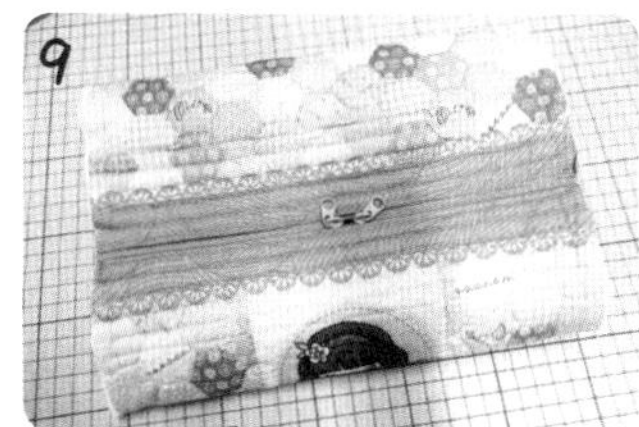

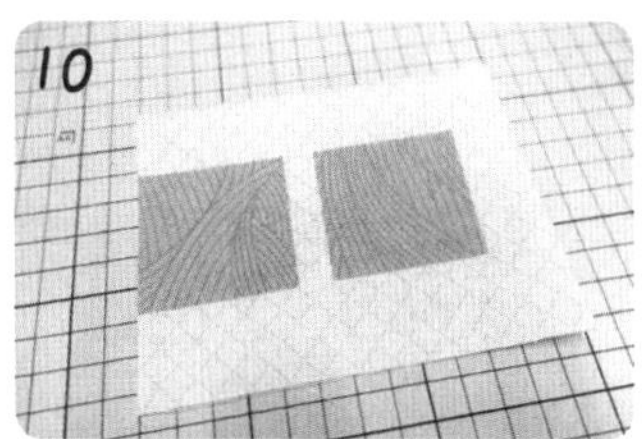

9. 正面如图。
10. 把布料上两块小正方形布块剪下来。

11. 如图熨烫成 4 折。
12. 在两长边方向平针缝，完成两条挂耳布。

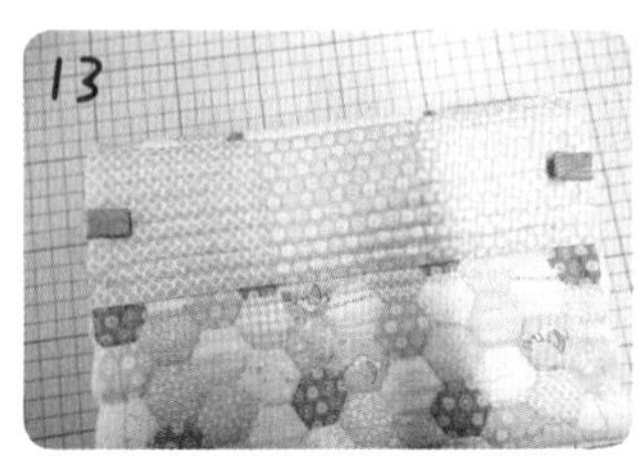

13. 对折挂耳布疏缝在包底两侧正中间。
14. 如图翻折。

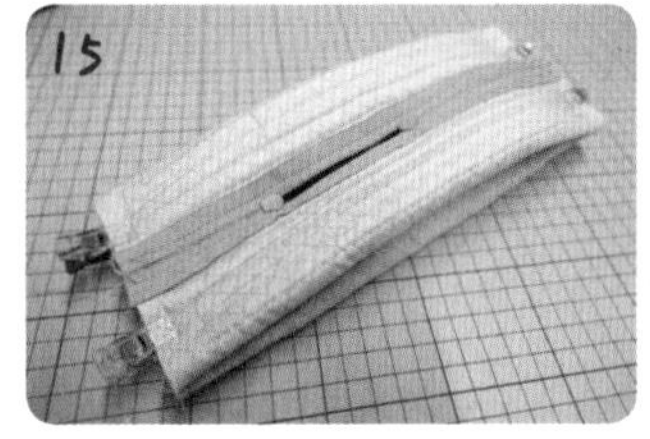

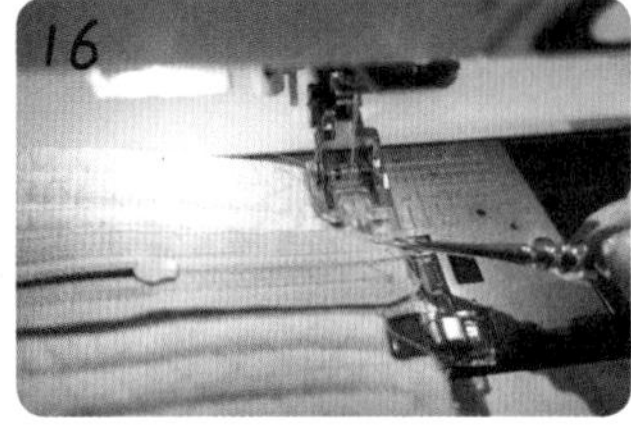

15. 固定好包体。
16. 缝合两侧边。

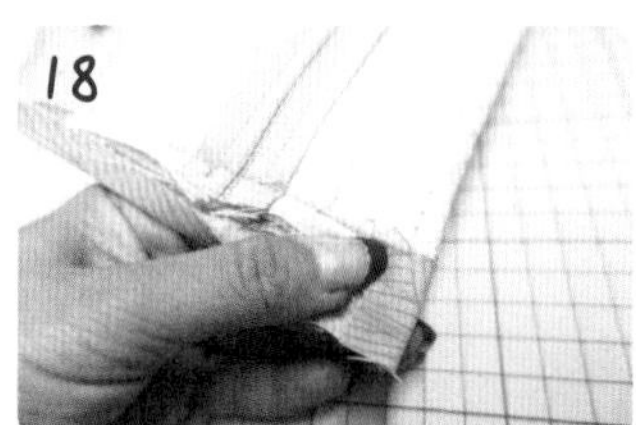

17. 裸露的缝份包边，包边条对齐包底边沿，先平针缝把包边条缝在包上，包边条两端要多出包底 1cm。
18. 把多出来的 1cm 包边条如图翻折包住缝份。

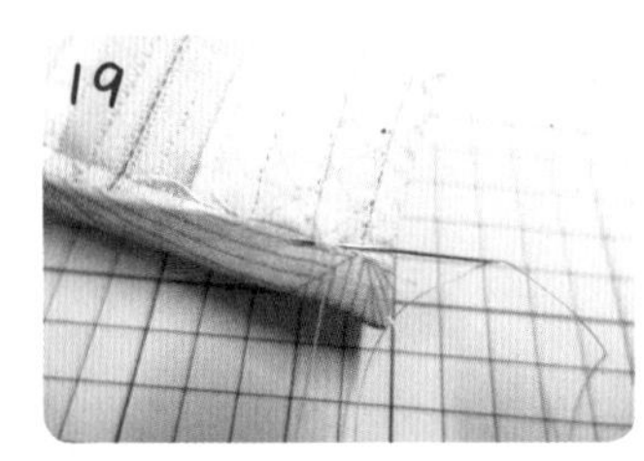

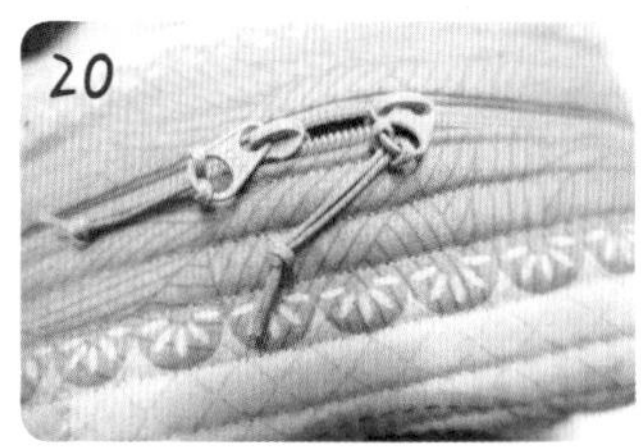

19. 再把包边条折好后贴布缝缝在包上。
20. 拉头上绑好蜡绳。

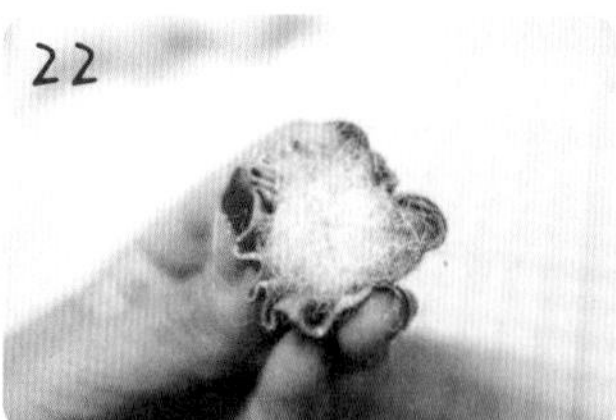

21. 把布料上两个圆形布块剪下来，把缝份向内翻折后平针缝一圈，针距 0.5cm 左右，无须打结断线。
22. 往里放进一点棉花后，拉紧缝线后，把圆球缝在蜡绳上。

23. 包包完成。

Corbu

02

小萝莉口金包

材料：

表布和里布均40cm×25cm、

16cm 口金一个。

成品尺寸：长 18cm，宽 16cm，厚 5cm

古典口金造型搭配卡通刺绣布料，洋溢着青春和可爱的气息，也是零钱杂物的好归宿。

步骤

下述尺寸如无特别说明，拼接缝份另加 0.7cm。

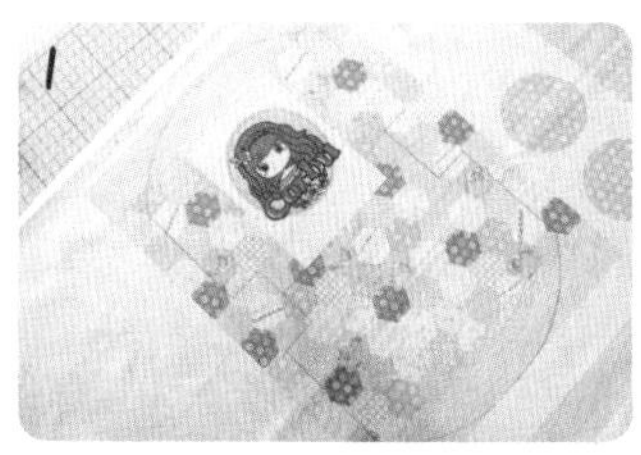

1. 用纸型画出需要的布料，外加 1cm 缝份后剪下来。
2. 在表布背面烫上单面带胶铺棉，铺棉无须加缝份，然后画好压线线迹，压线。

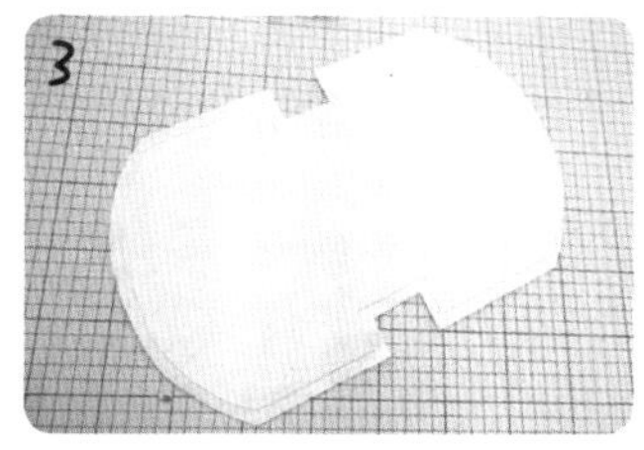

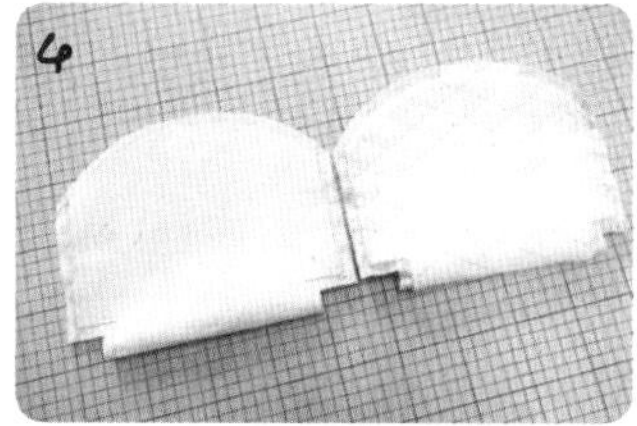

3. 裁剪与表布尺寸一样的内袋布，背面烫厚布衬，厚布衬无须加缝份。
4. 表布、内袋布如图对折，缝合两侧边。

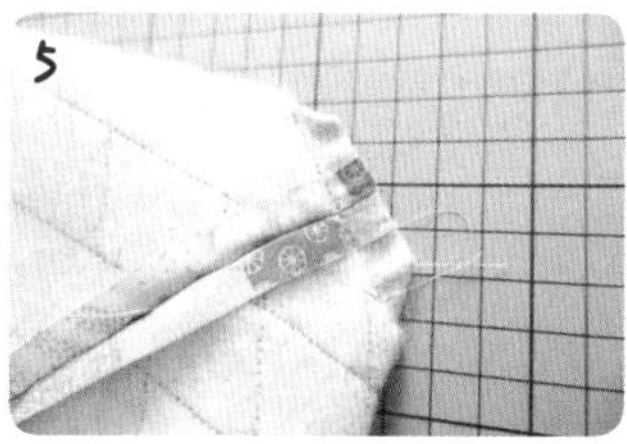

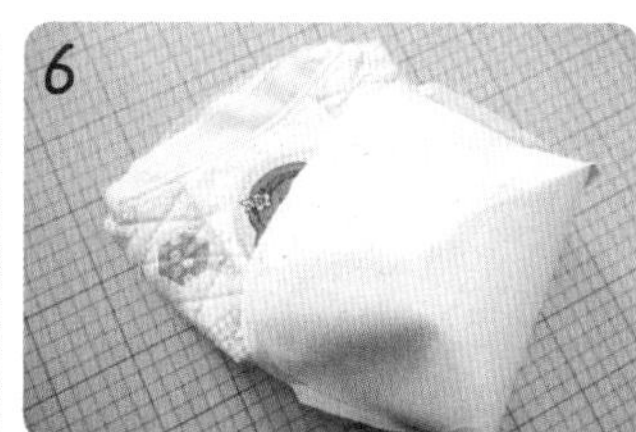

5. 表布、内袋布抓底缝合。
6. 如图把外袋套入里袋内，预留 4cm 左右返口，缝合包口。

7. 从返口把表袋翻回正面，缝上口金，包包完成。

03 小萝莉圆筒包

材料：
表布和里布 55cm × 25cm、
磁扣两对、
斜挎包带一组。

Home is where

成品尺寸：长 23cm，宽 10cm，厚 10cm

Corbu

经典的包型也能用拼布演绎出不一样的风格，
把可爱精致随身携带。

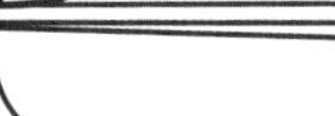

步骤

下述尺寸如无特别说明，拼接缝份另加 0.7cm。步骤图中布料颜色与实物布料颜色些许不同，仅参考做法。

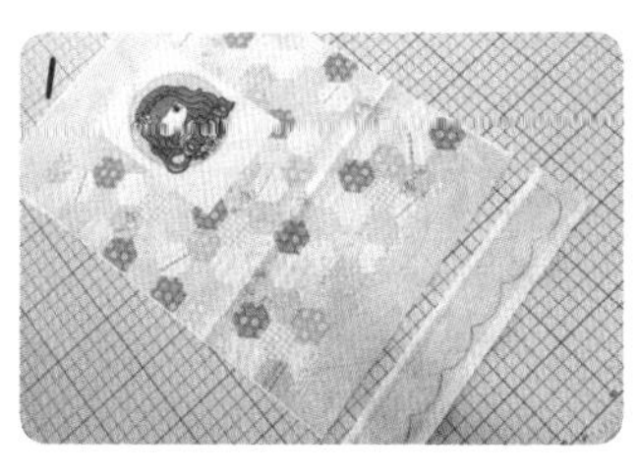

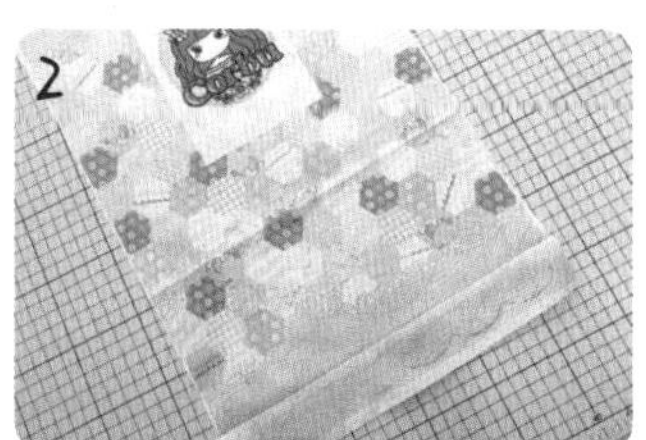

1. 根据个人喜好拼接表布，尺寸 23cm × 37cm。
2. 如图拼接，包口画出自己喜欢的轮廓，表布背面烫单面带胶铺棉，铺棉无须加缝份。

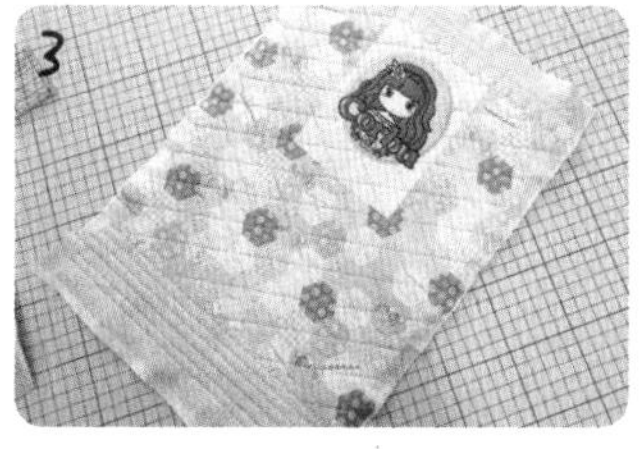

3. 画压线线迹后压线。
4. 裁剪与表布相同尺寸的内袋布，表布与内袋布正面相对，预留 6cm 左右返口，缝合四周，波浪线凹处剪牙口，翻回正面，藏针缝缝合返口。

5. 裁剪 2 片 10cm 直径的圆形布块，背面烫单面带胶铺棉后压线，表布与内袋布正面相对，预留 3cm 左右返口，缝合四周，翻回正面，藏针缝缝合返口。
6. 裁剪 2 片 4cm × 4cm 的正方形布块（无须另加缝份）。

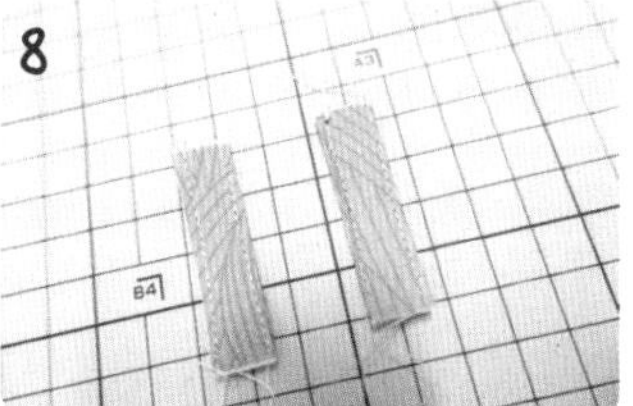

7. 如图熨烫成 4 折。
8. 在两长边方向车缝或者平针缝，完成两条挂耳布。

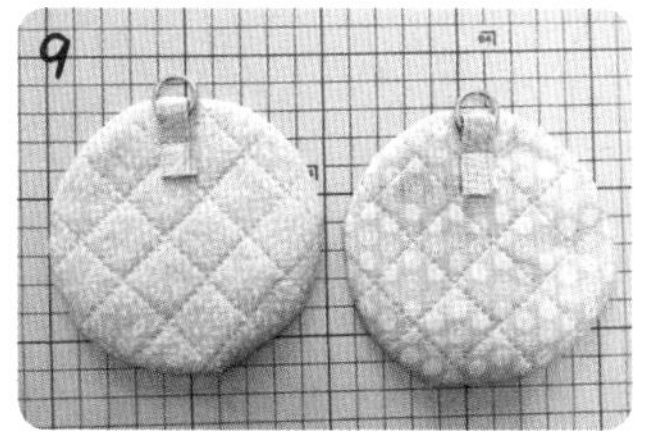

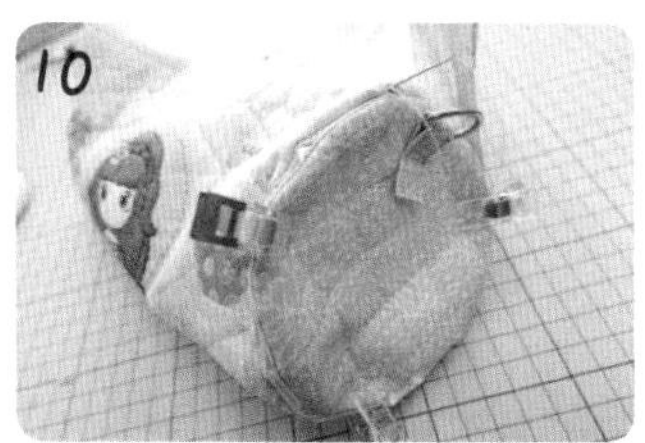

9. 挂耳布穿过 D 环，疏缝在两片圆形包侧布上。
10. 把表布卷成圆筒状，与圆形包侧藏针缝缝合一圈。

11. 制作 2 个 yoyo，遮住挂耳布。
12. 包口缝上磁扣，包包完成。

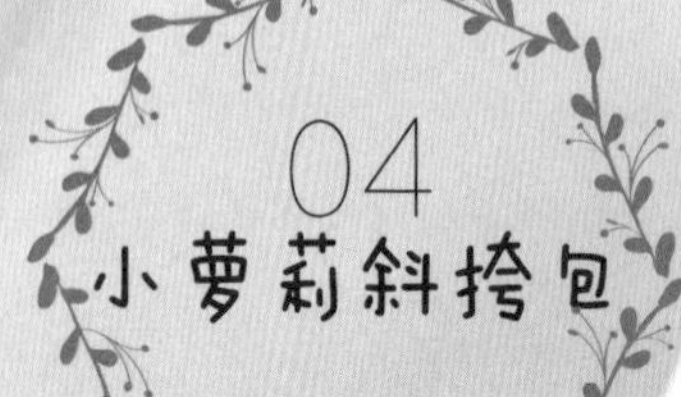

04 小萝莉斜挎包

材料：

表布和里布各 28cm × 35cm、

25cm 拉链一条、

斜挎包带一组。

成品尺寸：长 23cm，宽 14cm，厚 4cm

这个大眼睛的小萝莉这么可爱，用不同技法多做几个包和闺蜜分享也不错。

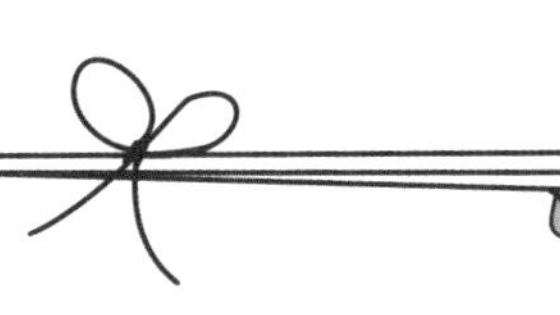

下述尺寸如无特别说明，拼接缝份另加 0.7cm。

扫码观看具体视频教程和其他技法教程。

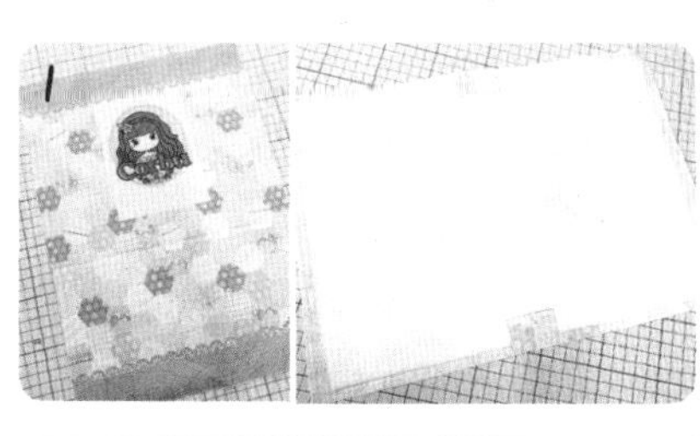

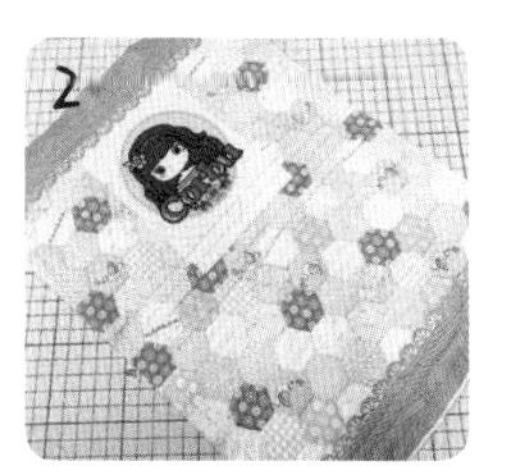

1. 裁剪 21cm × 30cm 的表布。表布背面烫单面带胶铺棉，铺棉无须加缝份。
2. 画好压线线迹，压线。

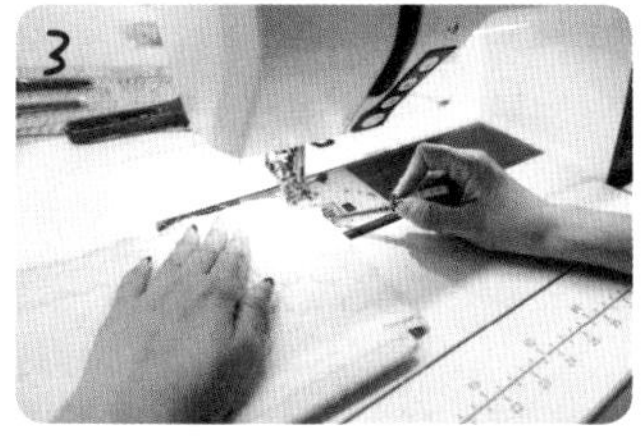

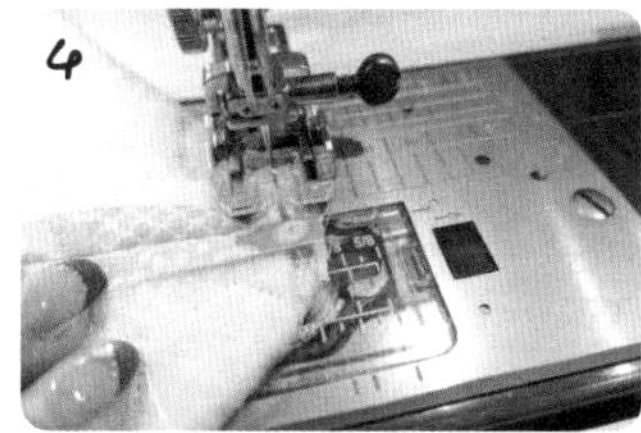

3. 对折表布，缝合两侧边。
4. 抓底缝合包底，包底宽度为 4cm。

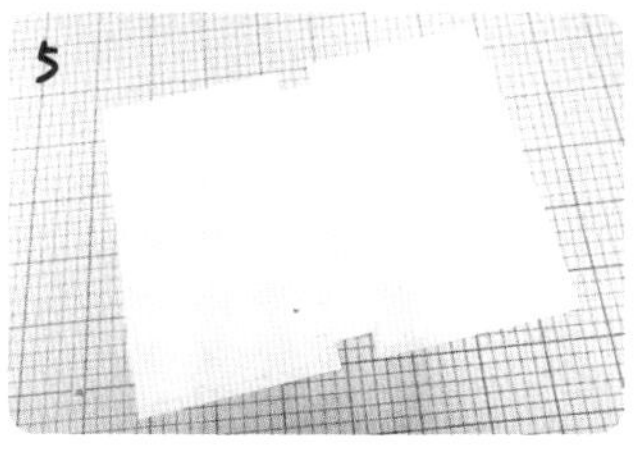

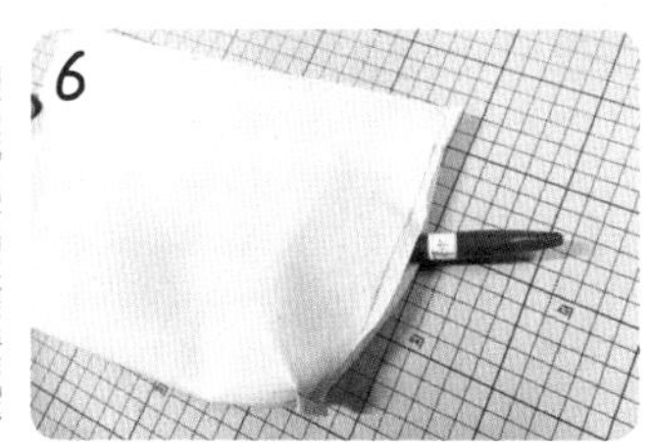

5. 裁剪与表布一样尺寸的内里，背面烫厚布衬，厚布衬无须另加缝份。
6. 重复步骤 4、5，其中一侧边预留 5cm 左右返口不缝。

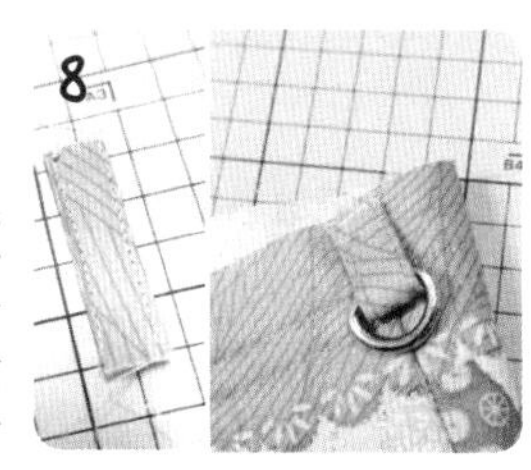

7. 裁剪 2 片 4cm × 4cm 的正方形布块（无须另加缝份）。如图熨烫成 4 折。
8. 在两长边方向车缝或者平针缝，完成两条挂耳布。挂耳布穿过 D 环，疏缝在表袋两侧。

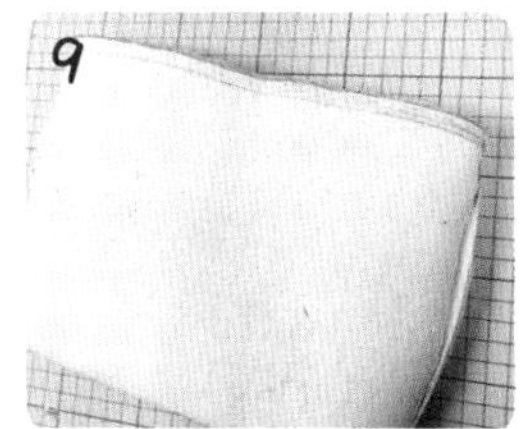

9. 表袋正面朝外，套入正面朝内的内袋，缝合整圈包口。
10. 从预留的返口把表袋翻回正面，距离包口 3mm 左右位置车缝或者平针缝一圈。内袋的返口用藏针缝缝合。

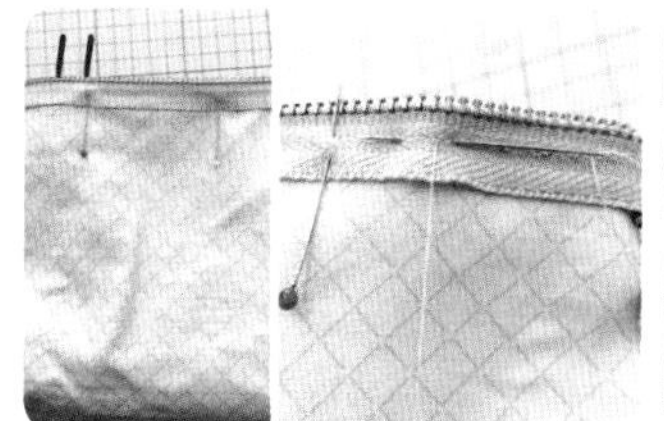

11. 翻到内袋面朝外，把拉链用珠针固定在包口位置。藏针法缝上拉链。
12. 包包完成。

05

圣诞暖宝宝

材料：

拼布用布 3 色各适量、

贴布用布 12 色各适量、

水兵带 50cm、

蜡绳、眼珠两颗、毛球四颗、

暖水袋内胆（传统型和充电型均可）。

成品尺寸：长 28cm，宽 21cm

下雪的白色圣诞节，抱着圣诞暖宝宝窝在沙发里，亲手制作的温暖由手入心。

步骤

下述尺寸如无特别说明，拼接缝份另加 0.7cm。

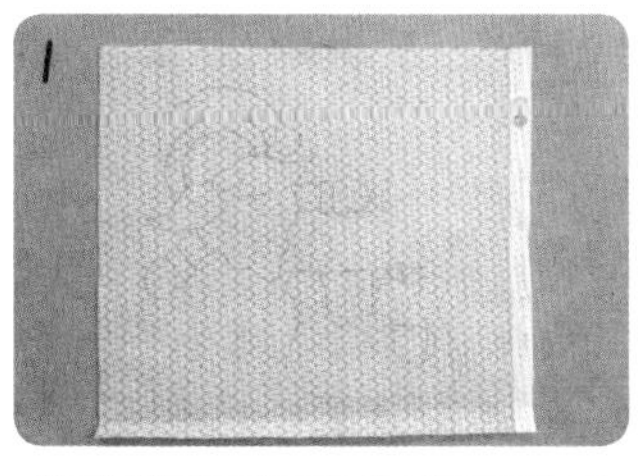

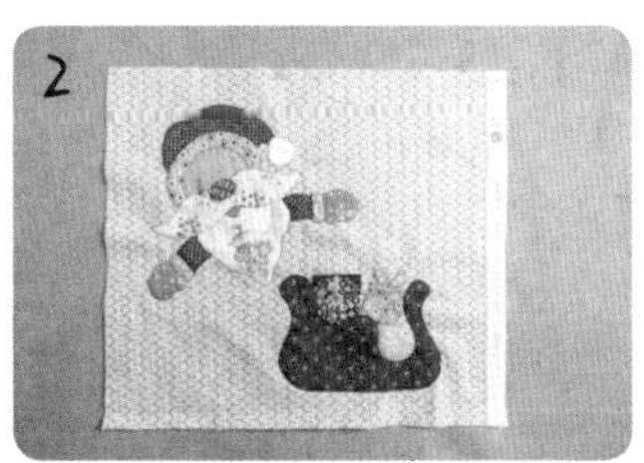

1. 裁剪 23cm × 21cm 的绿色底布，并用水消复写纸和水消笔把贴布图案画在布正面的相应位置。
2. 按照纸型标注的数字顺序，贴布缝好图案。

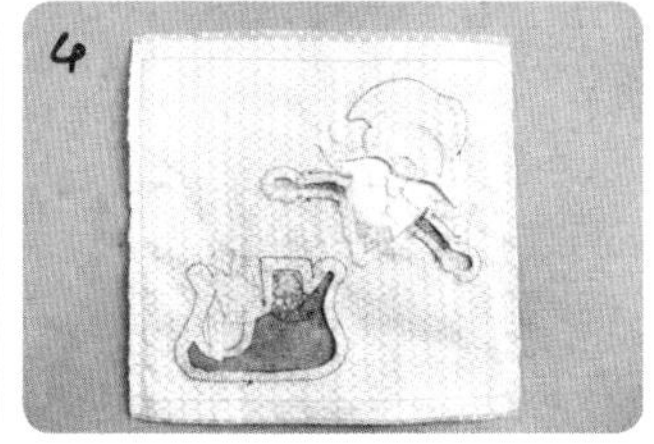

3. 水消笔画好压线线迹。
4. 表布与背布正面相对，叠在铺棉上，铺棉有胶的一面朝下，沿 0.7cm 缝份线缝合左右两侧边。

5. 修剪掉缝份线外的多余铺棉。
6. 翻回正面，用熨斗把表布烫在铺棉上，疏缝后压线。

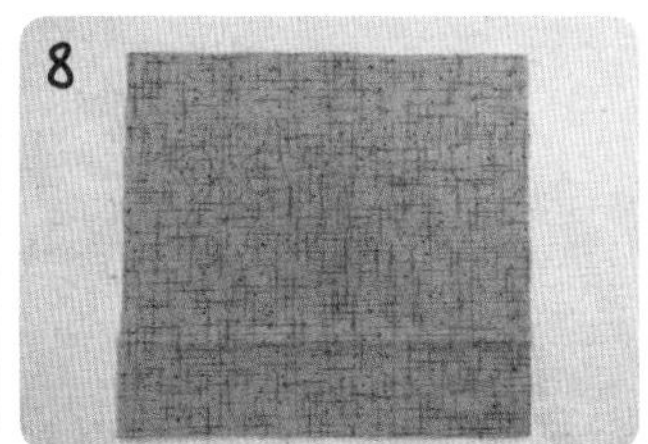

7. 贴布缝或者平针缝缝好左右两侧的水兵带，绣上绣线，缝上扣子。
8. 裁剪 23cm × 21cm 的深紫色底布，并用水消复写纸和水消笔把贴布图案画在布正面的相应位置。

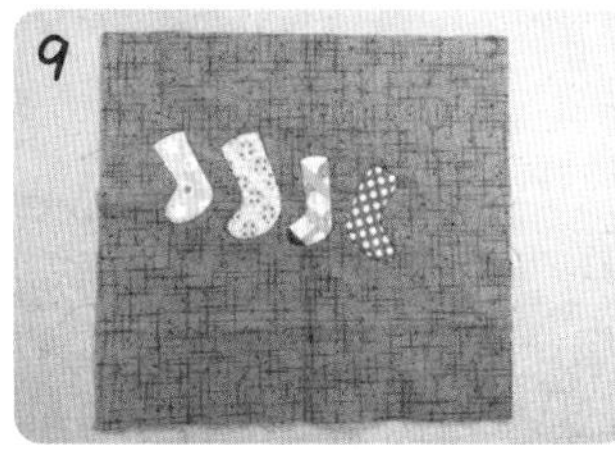

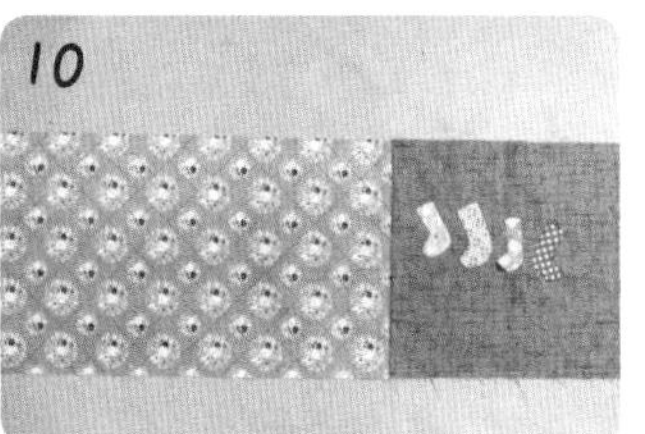

9. 贴布缝缝好四只袜子。
10. 裁剪 38cm × 21cm 的紫色花团布，拼接在深紫色底布左侧后，画好压线线迹，紫色花团布上画 2cm × 2cm 的正方形斜格子，深紫色布上画间隔为 2cm 的竖条纹。

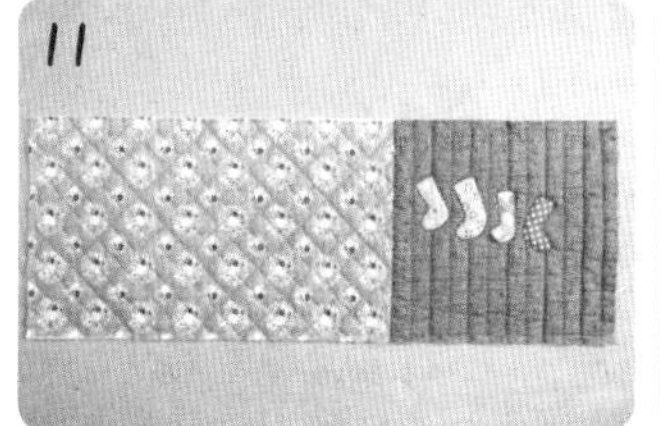

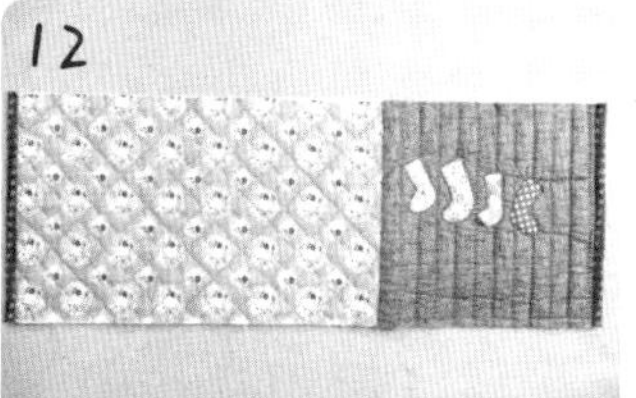

11. 表布正面朝上烫在铺棉有胶的那面上，最下层是后背布正面朝下，三层疏缝并压线。
12. 两侧短边包边。

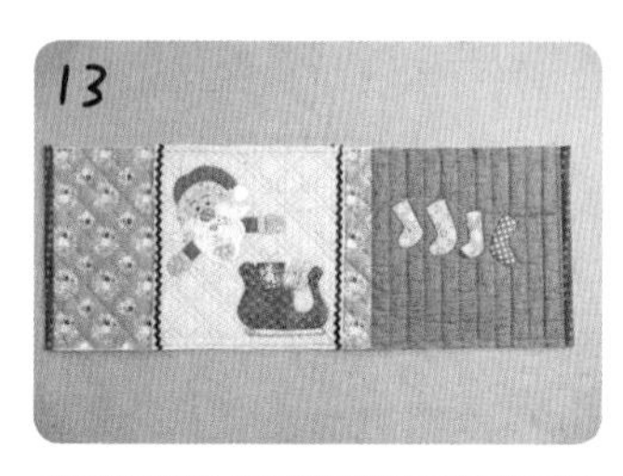
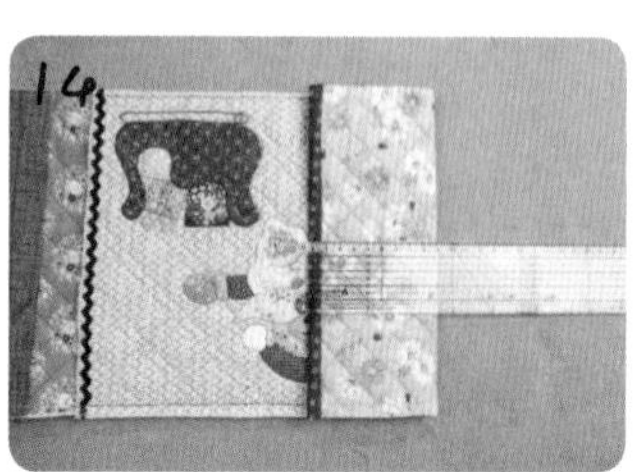

13. 把压线后的绿色表布叠在紫色表布上，距离最左侧 12cm，上下两侧疏缝。
14. 如图，把紫色花团表布那侧反向翻折 9cm。

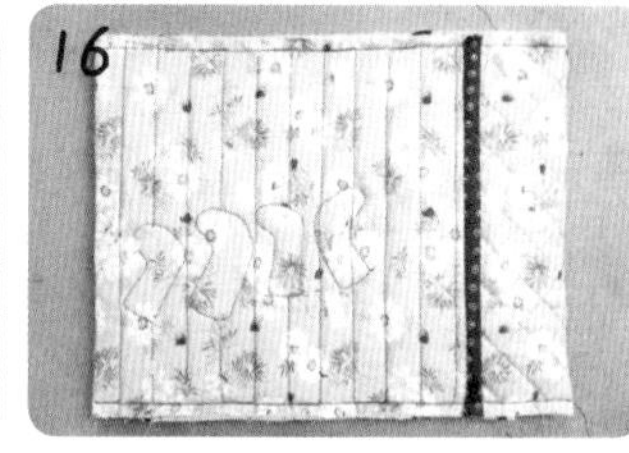

15. 再把深紫色表布那侧，沿拼接线反向翻折。
16. 沿 0.7cm 缝份线缝合上下两侧。

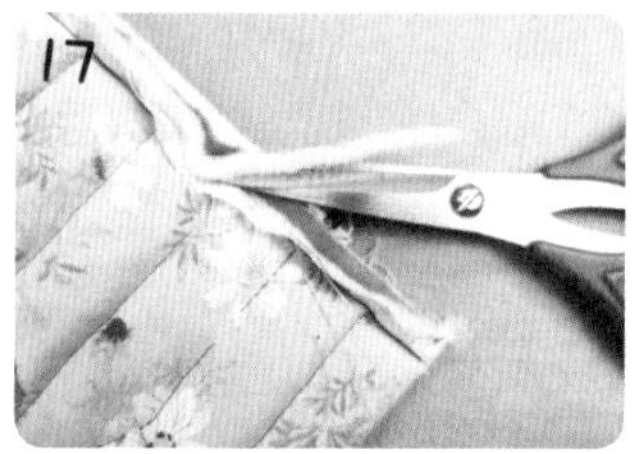
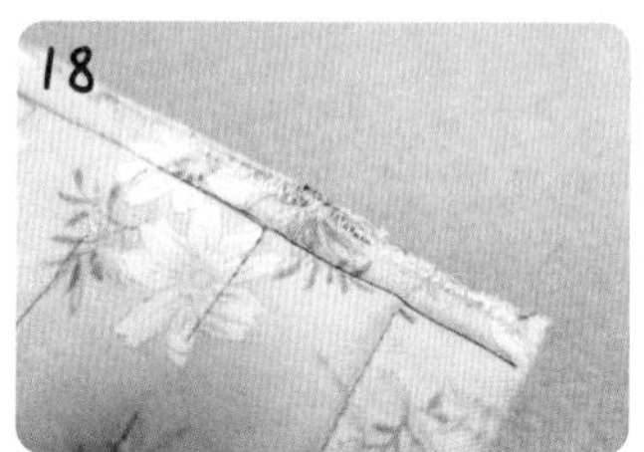

17. 修剪掉缝份线内多余的铺棉。
18. 毛边用缝纫机锁边缝线迹锁边，或者包边。

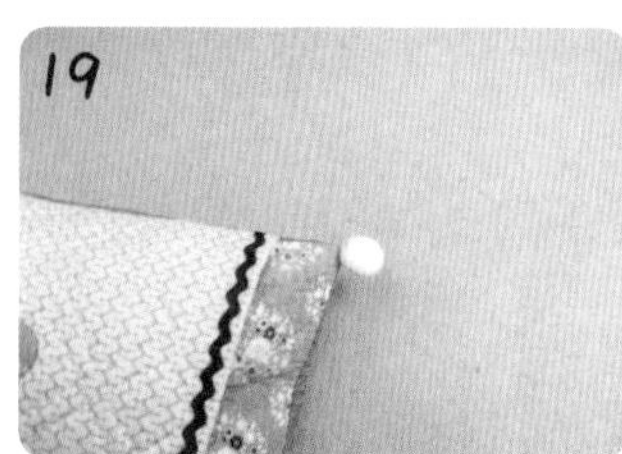

19. 翻回正面后，四个角落缝上毛球。
20. 暖水袋套完成。

06
圣诞之旅画框
材料：
拼布用布 3 色各适量、
贴布用布 20 色各适量、
内里布 35cm×35cm、
装饰扣、12 寸方形相框。
成品尺寸：长 30cm，宽 30cm
一幅图案甜美的拼布画，轻松营造圣诞气氛，
满满都是属于家的温馨感。

步骤

以下尺寸均为另加 0.7cm 缝份。

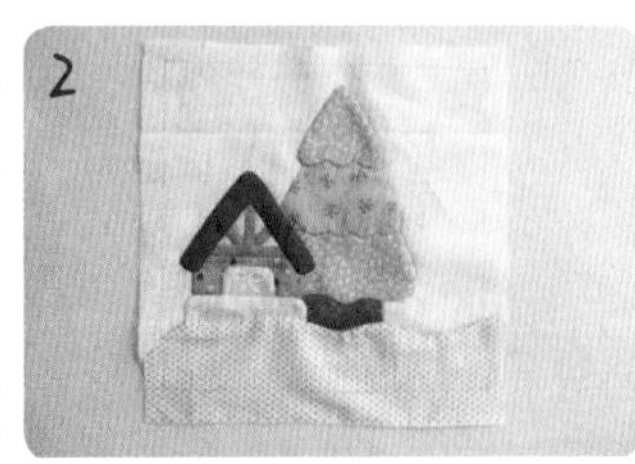

1. 裁剪白色背景布，按照纸型标注顺序，依次贴布。
2. 再把波浪形布块 14 号贴在步骤 1 中完成的布块。

3. 图案布沿轮廓留适应缝份后剪下来。贴布缝在圣诞树旁，完成中间 18cm × 18cm 的图案布块。
4. 图案布与小边条拼接，先拼左右后拼上下。

5. 再与大边条拼接，先拼左右后拼上下。
6. 大边条上贴好 20 片桃心，完成的表布正面朝上，中间夹铺棉，最下层内里布。

7. 三层疏缝压线。
8. 修剪成 31cm × 31cm 的正方形，缝上各种装饰扣和米珠。

9. 相框拼布完成。

07

冬季恋歌 雪人抱枕

材料：

拼布用布 12 色各适量、

贴布用布 8 色各适量、

内里布 35cm×70cm、

35cm 拉链一条、

4cm 塑料扣 8 个。

成品尺寸：长 32cm，宽 32cm

大雪纷飞中的红墙白瓦，挂满精美礼物的圣诞树，温情暖意令人难忘。

步骤

下述尺寸如无特别说明，拼接缝份另加 0.7cm。

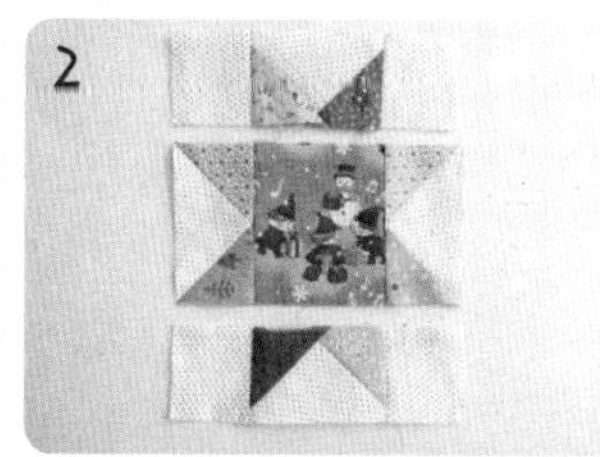

1. 先缝制八角星图谱，按照纸型剪下各部分的布块。
2. 拼接出如图所示三横排。

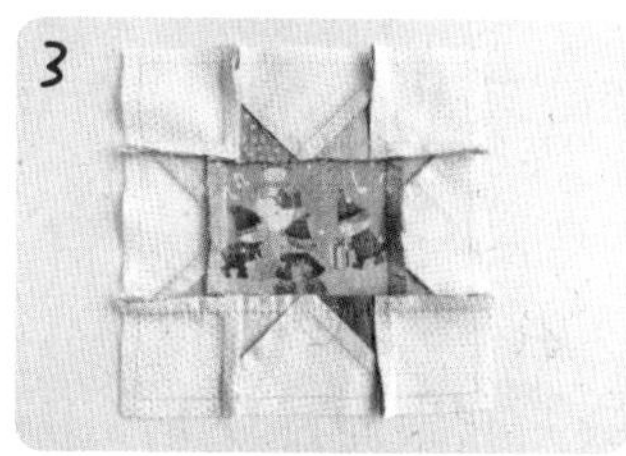

3. 把三横排拼接起来，背面缝份倒向如图。
4. 八角星图谱与边条布拼接，先拼左右两块，再拼上下两块。

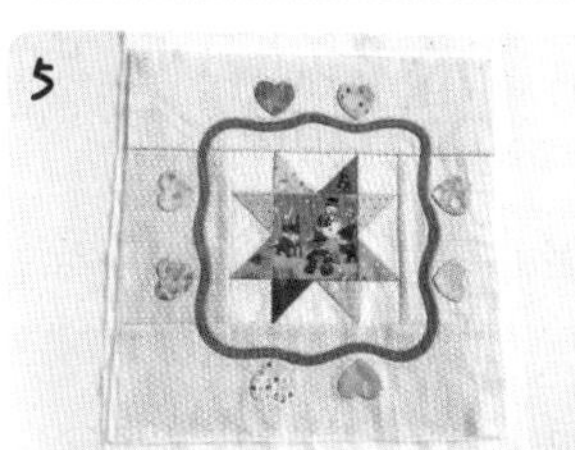

5. 以 45 度斜裁 2cm 宽布条，用 9mm 制带器烫出枝条，枝条两侧贴布缝缝在表布上，再缝上四周的桃心。
6. 表布正面朝上烫在铺棉有胶一面上、最下层内里布，压线，中间八角形图谱无须落针压，按照纸型上标注虚线压线即可，枝条和桃心要落针压线。

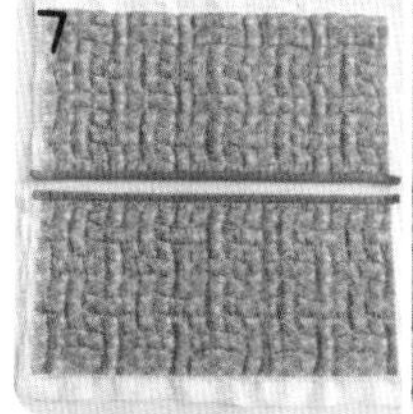
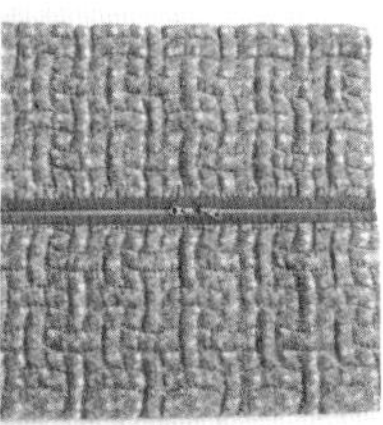

7. 裁剪两片抱枕背布，尺寸为 17cm × 34cm，压线后，一侧包边。包边处缝上拉链，四周修剪整齐。
8. 表布与后背布正面相对重叠，拉链拉开，缝合四周，修剪掉缝份线外多余的铺棉，从拉链处翻回正面。

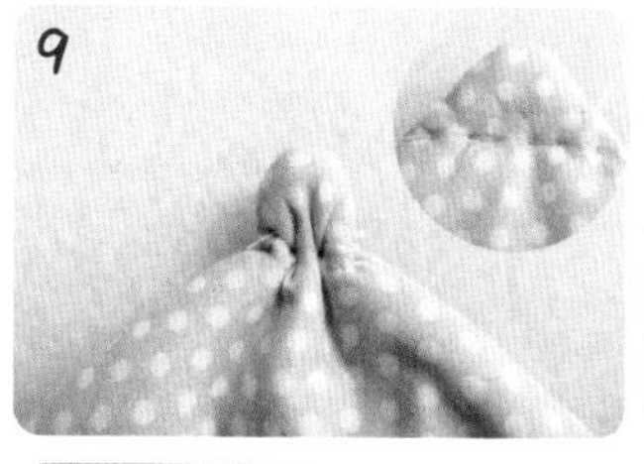
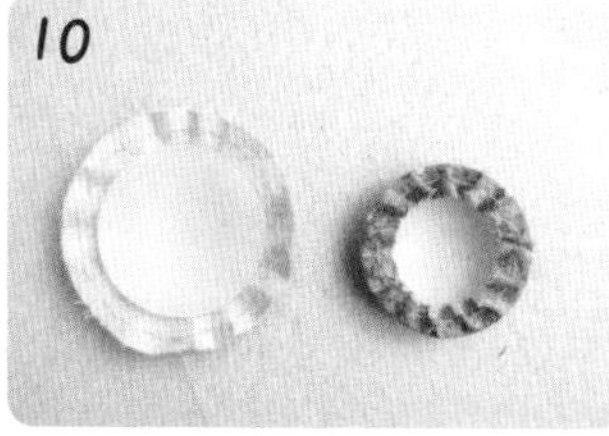
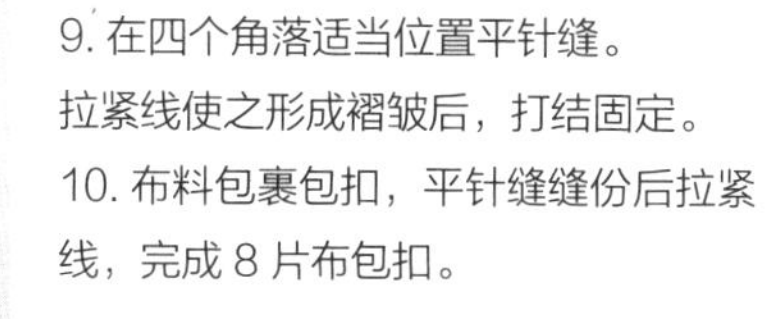

9. 在四个角落适当位置平针缝。拉紧线使之形成褶皱后，打结固定。
10. 布料包裹包扣，平针缝缝份后拉紧线，完成 8 片布包扣。

11. 布包扣两两相对夹住抱枕四个角落藏针缝缝合两片包扣边沿。
12. 抱枕完成。

08

悠悠兔抱枕

材料：
拼布用布和贴布用布 20 色各适量、
内里布 110cm × 50cm、
花边、缎带适量。

成品尺寸：长 45cm，宽 45cm

抱着悠悠兔，静享闲适的时光，慢慢的生活。

纸型尺寸为实物大小，除特殊文字说明外，拼接缝份另加 0.7cm，贴布缝份另加 0.3~0.5cm。

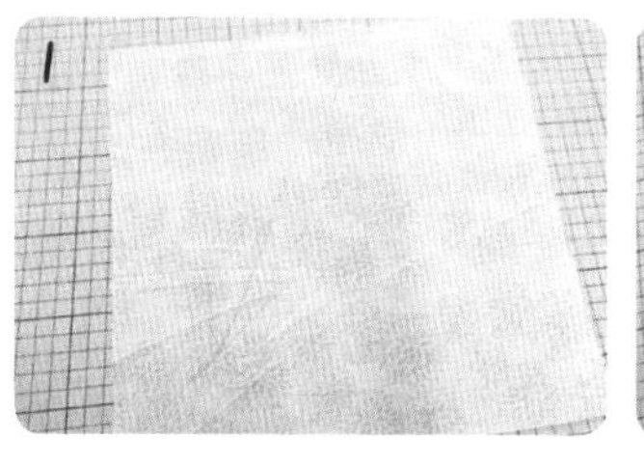

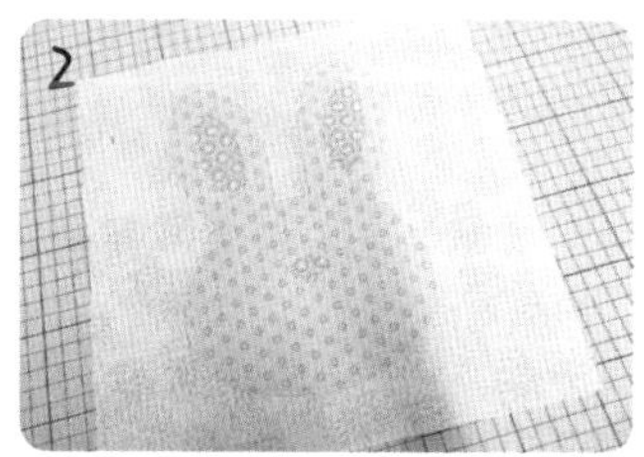

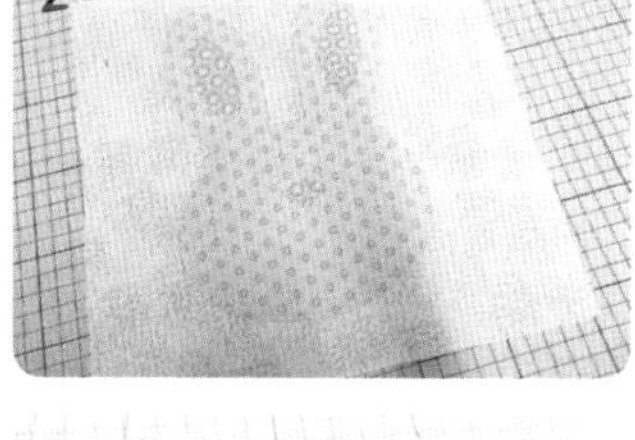

1. 裁剪 24cm×24cm 的正方形布块，用水消笔画好贴布图案。
2. 贴好所有贴布布块。

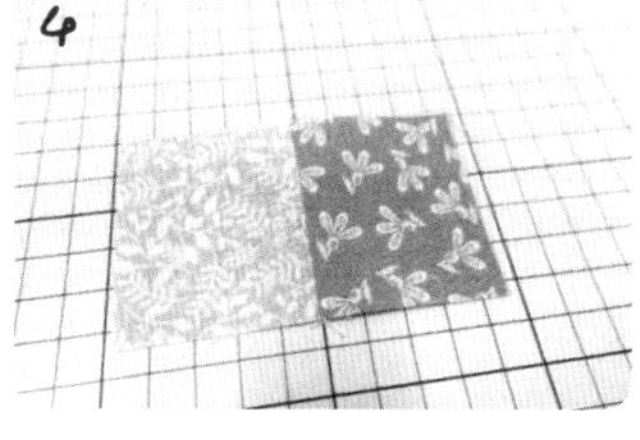

3. 裁剪 4cm×4cm 的正方形布块 28 片，14 种花色布料每种花色各 2 片。
4. 布块两两拼接。

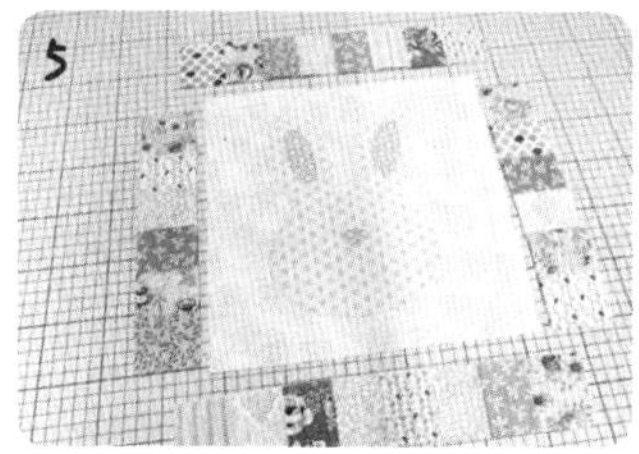

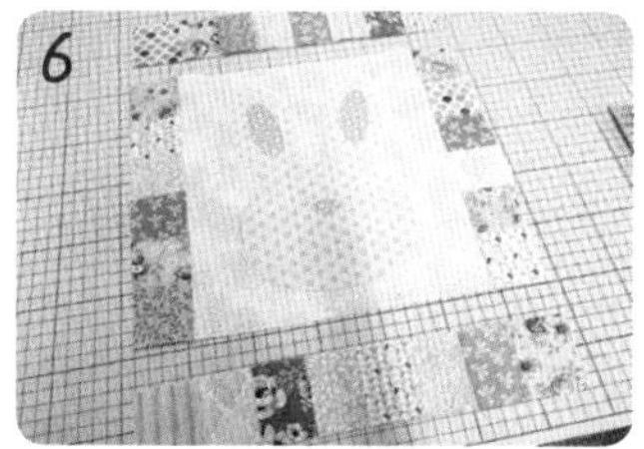

5. 左右两侧是由 6 片正方形布料拼接成的长条，上下两侧是由 8 片正方形布块拼接成的长条。
6. 把中间的兔子布块与左右两长条拼接起来，再拼接上下两长条。

7. 裁剪 6cm×32cm 的边框布 4 片，6cm×6cm 的正方形布块 4 片，其中两片边框布左右各接一片正方形布块，中间的大布块先和左右两条边框布拼接，再与上下两条布条拼接，完成表布。
8. 表布正面朝上，烫在单胶铺棉有胶的一面上，最下层是内里布，三层疏缝并压线。样品上中间的压线图案是斜方格，边框的压线图案是圆弧与三角形的结合。压线后用绣线绣好嘴巴和鼻子并缝上眼珠。

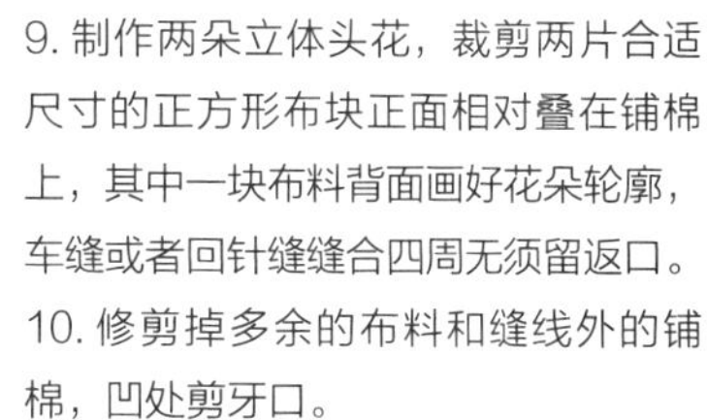

9. 制作两朵立体头花，裁剪两片合适尺寸的正方形布块正面相对叠在铺棉上，其中一块布料背面画好花朵轮廓，车缝或者回针缝缝合四周无须留返口。
10. 修剪掉多余的布料和缝线外的铺棉，凹处剪牙口。

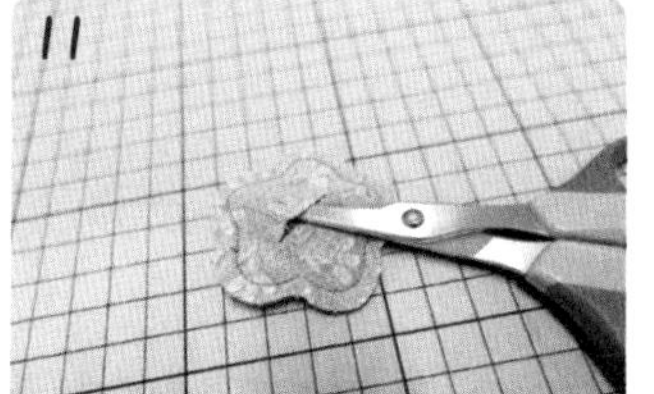

11. 如图在其中一片布块中间剪一刀 1.5cm 左右的口子，注意只能剪到第一层布。
12. 从这个口子把布料翻回正面，用线大针脚的缝合几针即可。

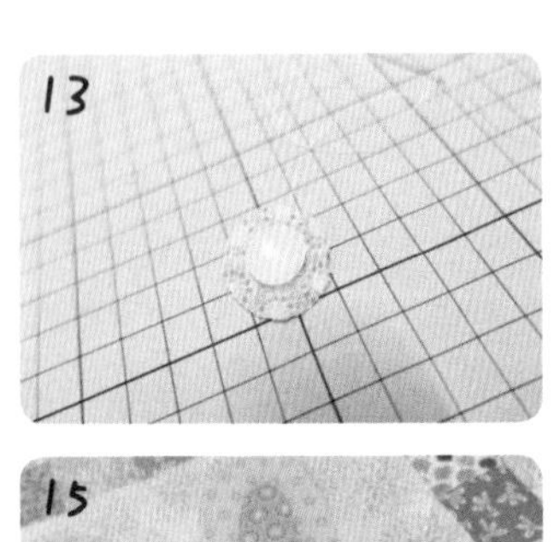

13. 制作布包扣。

14. 把布包扣缝在花朵正面中心位置。

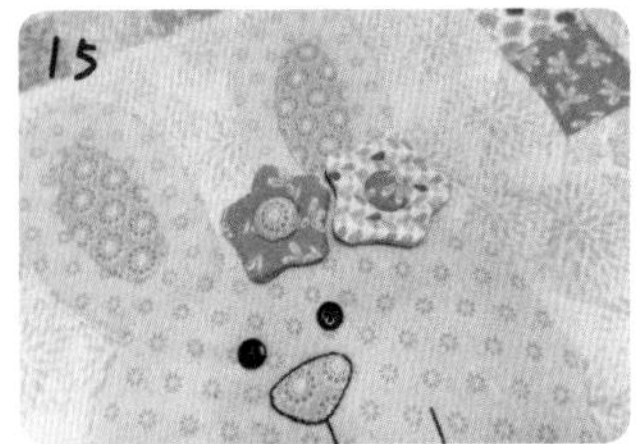

15. 把两朵头花缝在自己喜欢的位置，也可以用胶粘。

16. 把表布四周轮廓修剪平整，四个角落可以修成圆弧状。

17. 裁剪两片抱枕后片布，尺寸分别是25cm×46cm和35cm×46cm（无须另留缝份），分别把两片布的其中一长边翻折两道并熨烫，翻折宽度为1cm。

18. 把翻折两次的1cm布边车缝固定。

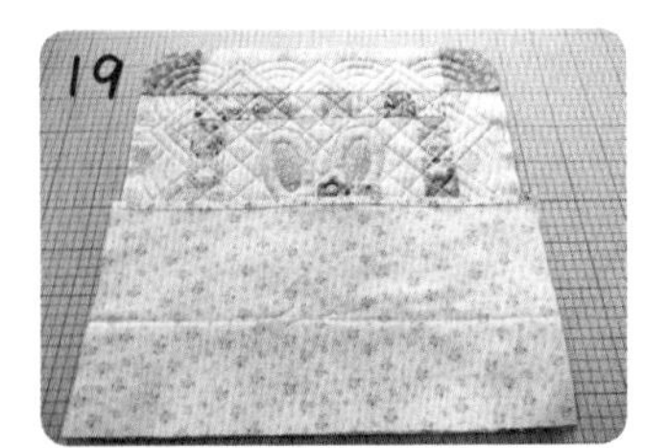

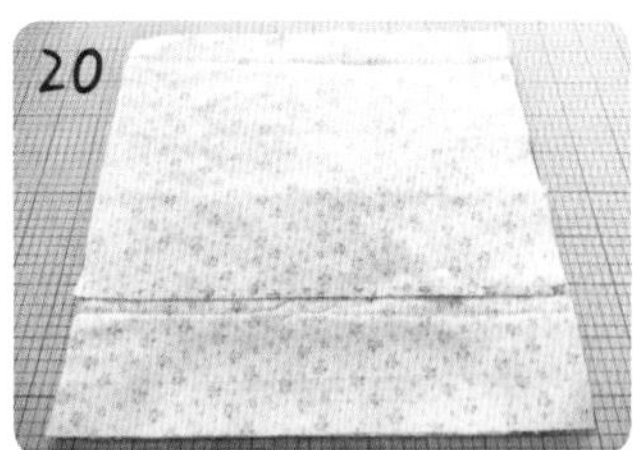

19. 如图把较小的后片布正面相对叠在表布上。

20. 再叠上较大的那片后片布。

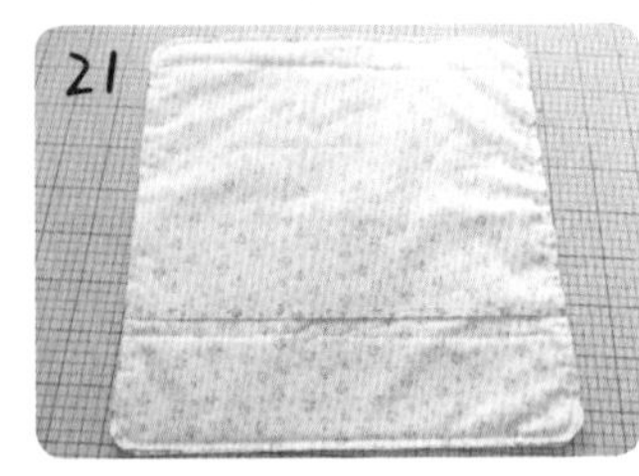

21. 沿抱枕外轮廓缝合一整圈，不要留返口。

22. 从两片后片布中间的开口处把抱枕翻回。

23. 兔子抱枕完成。

09 悠悠兔腰枕

材料：
拼布用布 3 色适量、
贴布用布 8 色各适量、
内里布 45cm×60cm、
眼珠、缎带。

成品尺寸：长 40cm，宽 35cm

我是可爱的悠悠兔，舒服地靠在你的腰边，带走久坐的疲惫。

步骤

注意:

1. 纸型尺寸为实物大小，除特殊文字说明外，拼接缝份另加 0.7cm，贴布缝份另加 0.3~0.5cm。
2. 绣线为 6 股绣线，请分股后按照个人喜欢用 2~3 股绣线绣即可。

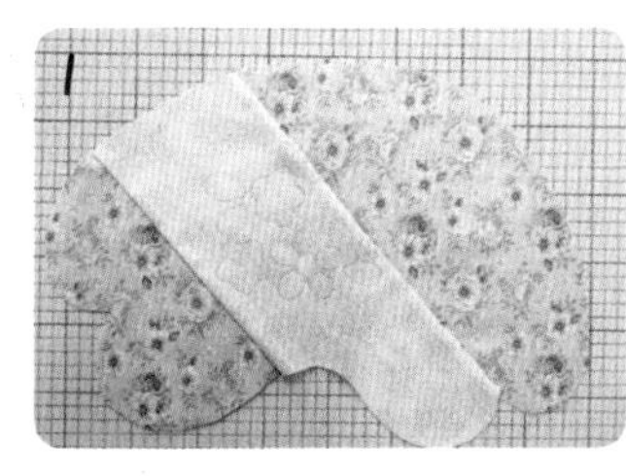

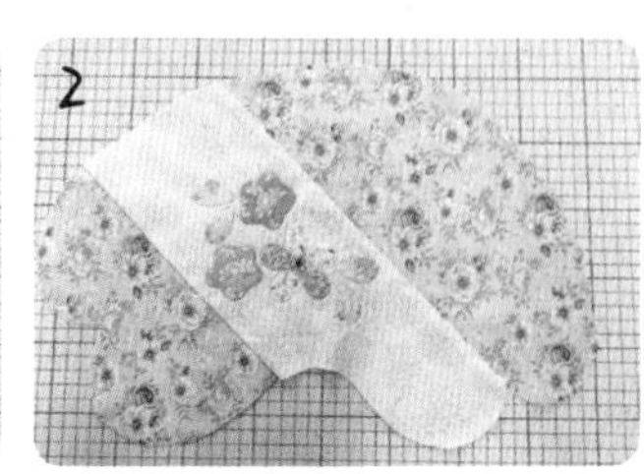

1. 拼接前片表布，并用水消笔在中间布上描好贴布图案。
2. 按照纸型标注数字顺序依次完成所有贴布。

3. 用水消笔画压线线迹，样品上的压线线迹是边长为 2cm 的正方形格子。
4. 前片表布正面朝上，烫在单胶铺棉有胶的一面上，最下层是内里布，三层疏缝并压线，拼接处绣上千鸟绣，花朵花心部分绣放射状直线。

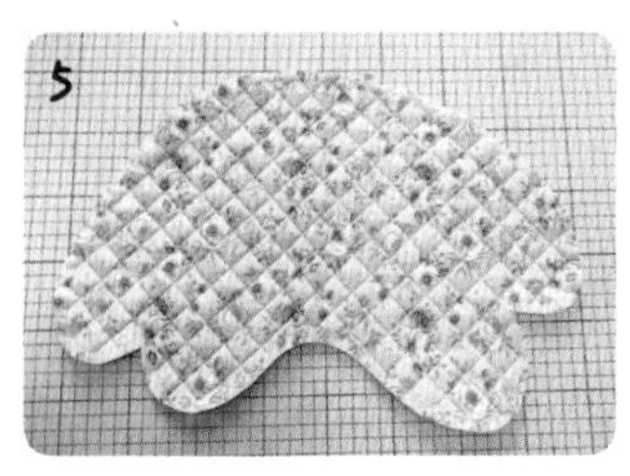

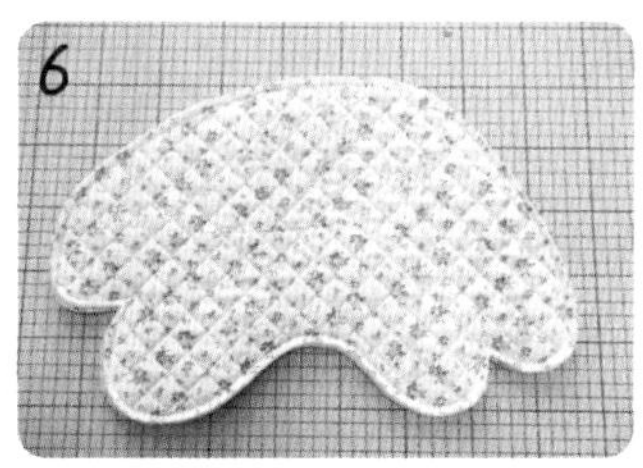

5. 裁剪后片表布，后片表布正面朝上，烫在单胶铺棉有胶的一面上，最下层是内里布，三层疏缝并压线。
6. 压线后的前片和后片正面相对，车缝或者回针缝缝合四周，在头部附近留一个 8cm 左右的返口。

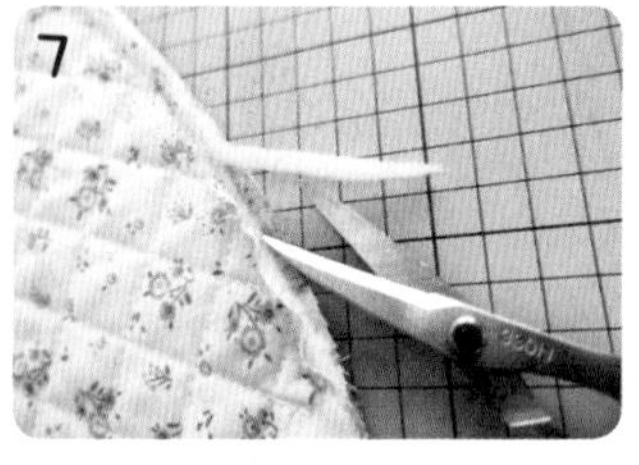

7. 修剪掉缝线外多余的铺棉。
8. 凹处剪牙口，牙口深度距离缝线 1mm。

9. 圆弧凹处剪牙口。
10. 从返口翻回正面后，往兔子身体里塞适量填充棉后。

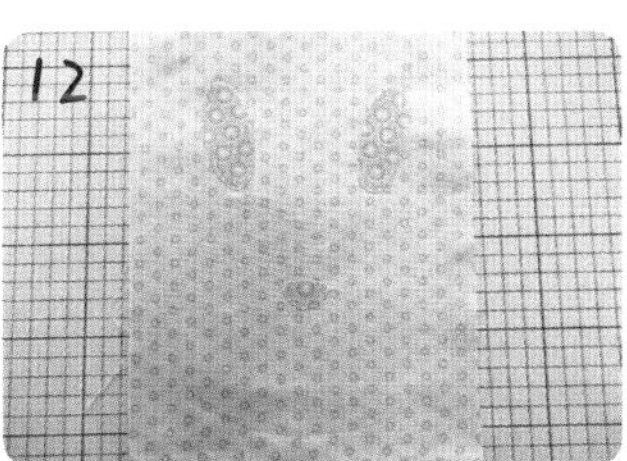

11. 返口藏针缝缝合。
12. 在兔子脑袋布料正面描好兔头外轮廓并贴布。

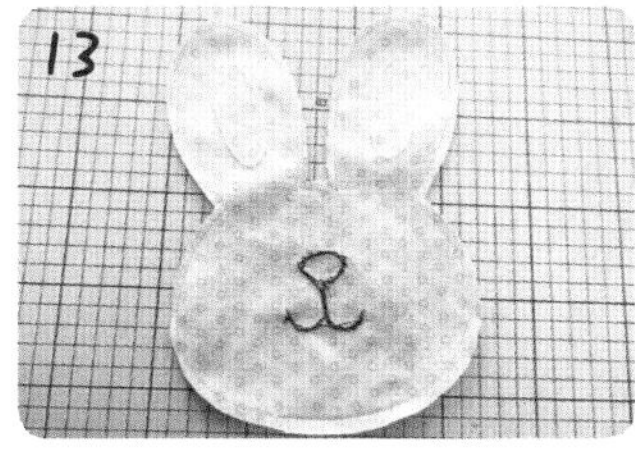

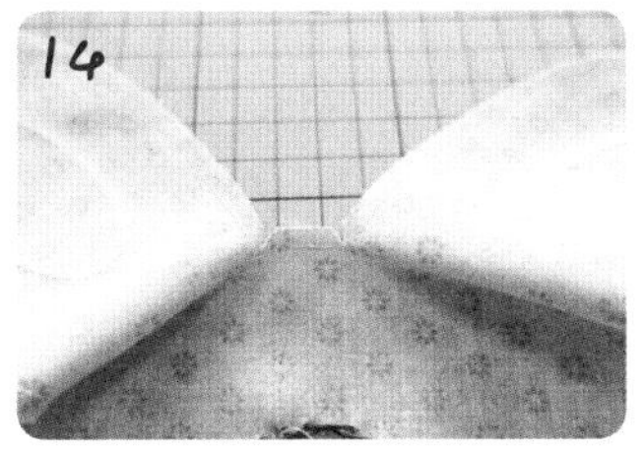

13. 用咖啡色绣线回针绣绣好兔子嘴巴和鼻子后，将两片兔子脑袋用布正面相对，车缝或者回针缝缝合四周，在底端留 5cm 左右返口。
14. 凹处剪牙口。

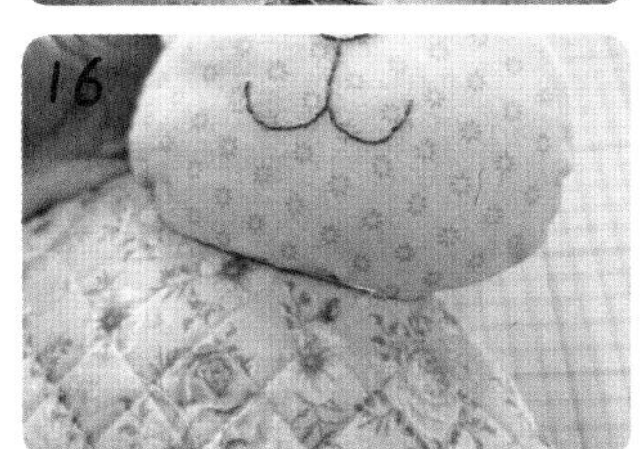

15. 从返口翻回正面后，往兔子脑袋里塞适量填充棉后，返口藏针缝缝合。
16. 把兔子脑袋藏针缝缝合在身体上。

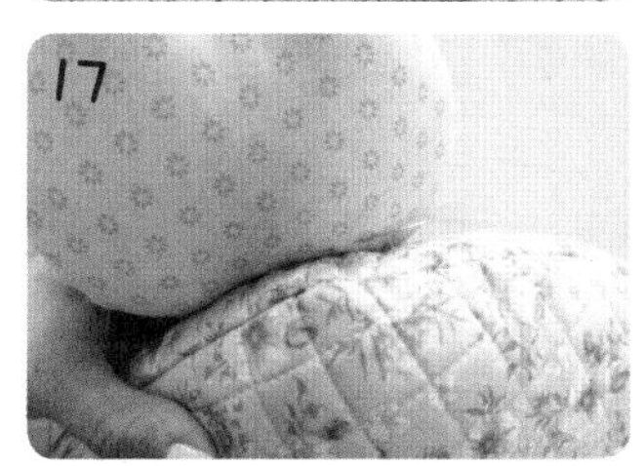

17. 脑后也要缝合在身体上，也可以用胶枪在脑袋底端涂一圈胶水让脑袋更稳定地固定在身体上。
18. 裁剪净尺寸为 12cm 的圆形布料，把缝份边翻折边平针缝缝一圈。

19. 拉紧线并往里塞适量填充棉后打结断线。
20. 把球球尾巴缝在兔子身体上，缝上眼珠，脖子处用缎带打蝴蝶结装饰。

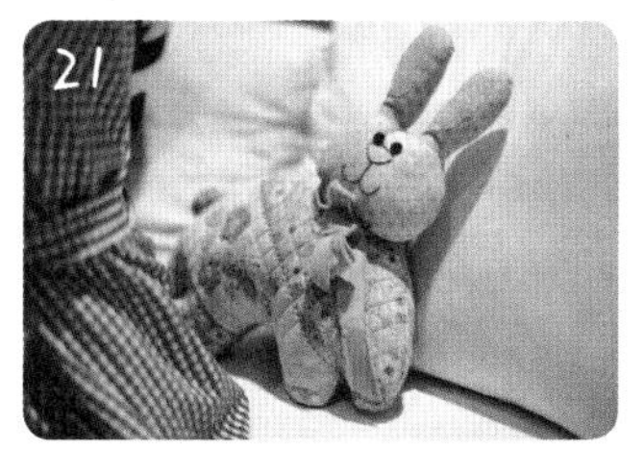

21. 兔子腰枕完工。

随身的美好

10

七彩幻想口金包

材料：
表布和内里布 15cm×40cm、
贴布用布 12 色各适量、
山形口金一个、
米珠适量。

成品尺寸：长 13cm，宽 10cm，厚 5cm

戒指、耳钉、手链、随身的小物件统统藏起来，
或许还藏着一点粉红色的小秘密。

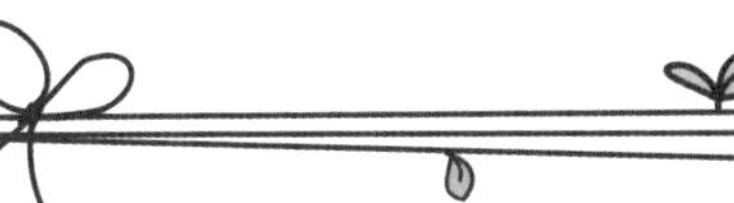

下述尺寸如无特别说明，拼接缝份另加 0.7cm。

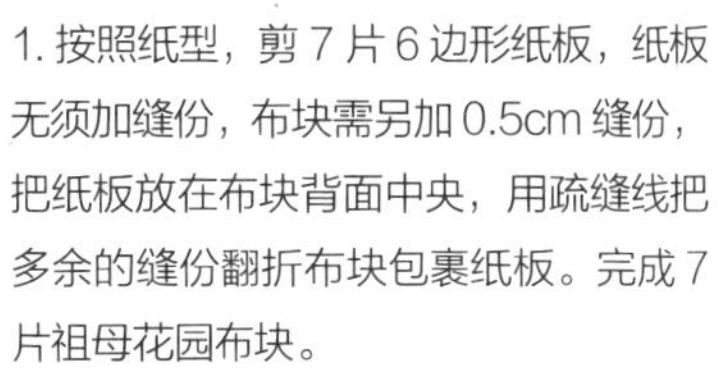

1. 按照纸型，剪 7 片 6 边形纸板，纸板无须加缝份，布块需另加 0.5cm 缝份，把纸板放在布块背面中央，用疏缝线把多余的缝份翻折布块包裹纸板。完成 7 片祖母花园布块。

2. 将布块两两正面相对，用卷针缝缝合六角形的边。

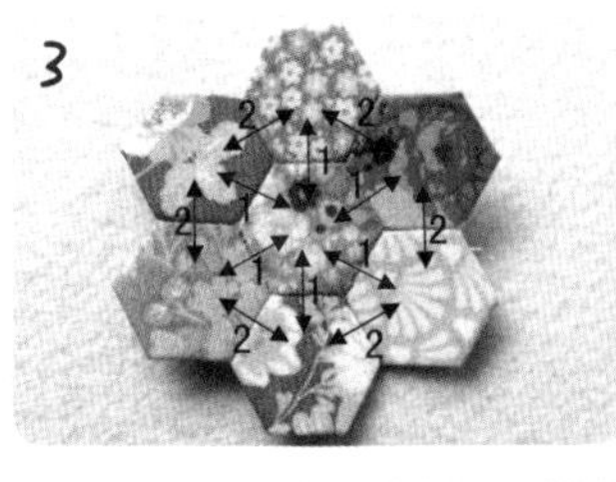

3. 卷针缝顺序先 1 后 2，组合成一片花朵。

4. 把 7 片纸板从背面挖出来。

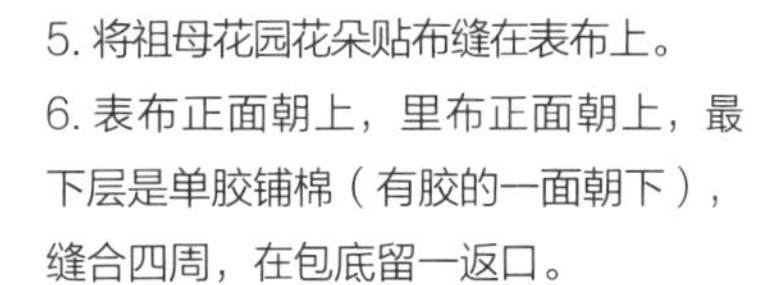

5. 将祖母花园花朵贴布缝在表布上。

6. 表布正面朝上，里布正面朝上，最下层是单胶铺棉（有胶的一面朝下），缝合四周，在包底留一返口。

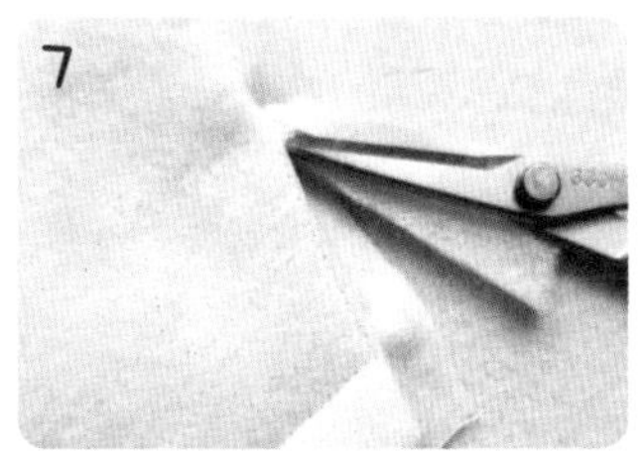

7. 修剪掉缝线出多余的铺棉后，从返口翻回正面，藏针缝缝合返口，熨烫，三层疏缝压线，压线线迹为花朵外轮廓，其余部分压边长 1.5cm 格子。

8. 包片、包底做法参考前片做法，全部压线完成。

9. 藏针缝先缝合两包侧，再与包底缝合，包底压线线迹也是边长 1.5cm 正方形格子。

10 包口缝上口金。

11. 包包完成。

11 花与爱琴海手拿包

材料：
拼布和贴布用布12色各适量、
内里布30cm×40cm、
30cm拉链一条、
磁扣两对、
绣线适量。

唯美湛蓝与鲜艳花朵的融合，让人仿佛飞去了遥远的希腊，在纯净天空下徜徉花海。

步骤

下述尺寸如无特别说明，拼接缝份另加 0.7cm。

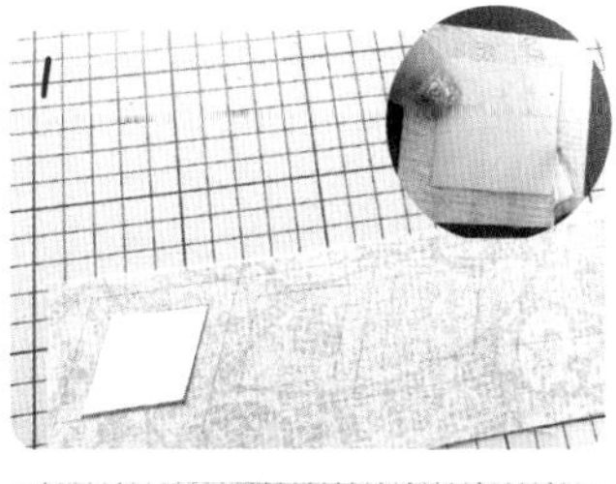

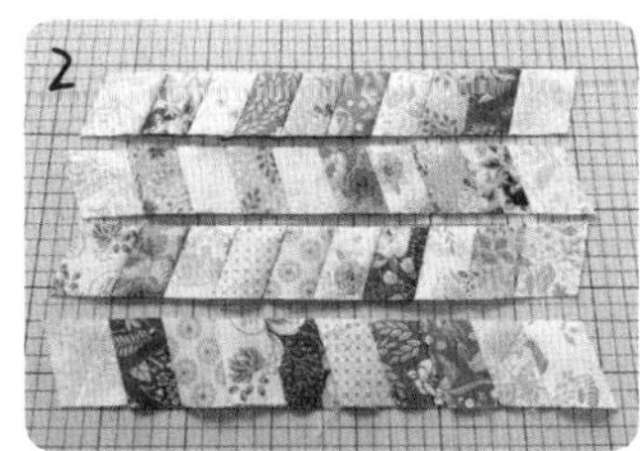

1. 按照纸型纸型，在 20 色不同花色的长方形布条背面分别画 4 个菱形，共 80 个菱形。

2. 按每排 10 个菱形排好，包包前片和后片分别需要 4 排。

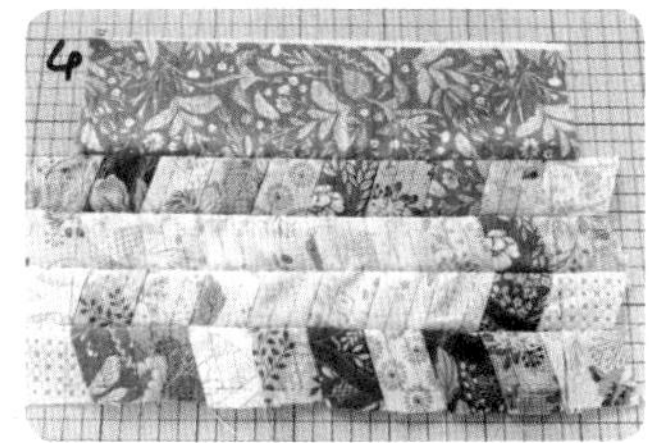

3. 把四排拼接起来，完成 2 片相同拼接的布块。

4. 裁剪 25cm×8cm 的蓝色包口布，与步骤 3 中其中一片菱形拼接布块拼接，完成后片表布，画好压线图案。

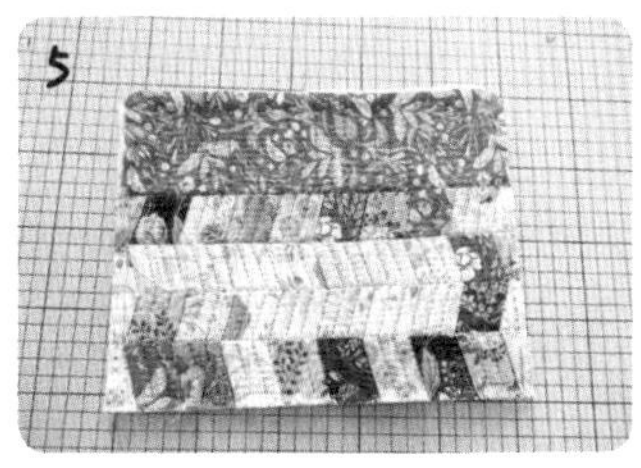

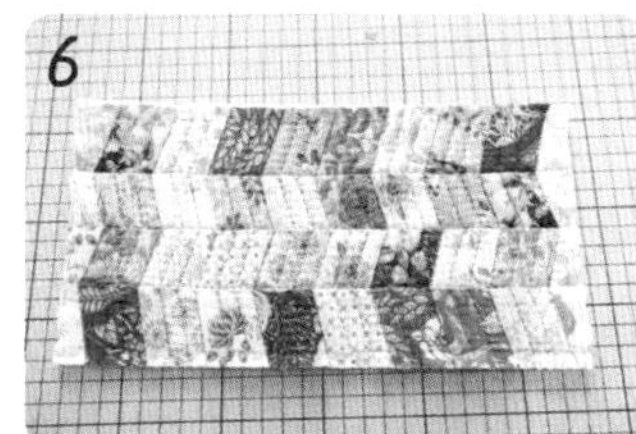

5. 后片表布、铺棉、内里布三层重叠，表布正面朝上，内里布正面朝下，疏缝并压线。

6. 前片表布同步骤 5 一样压线处理。

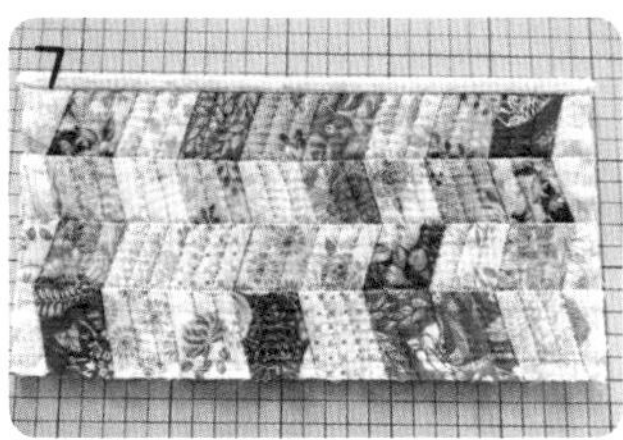

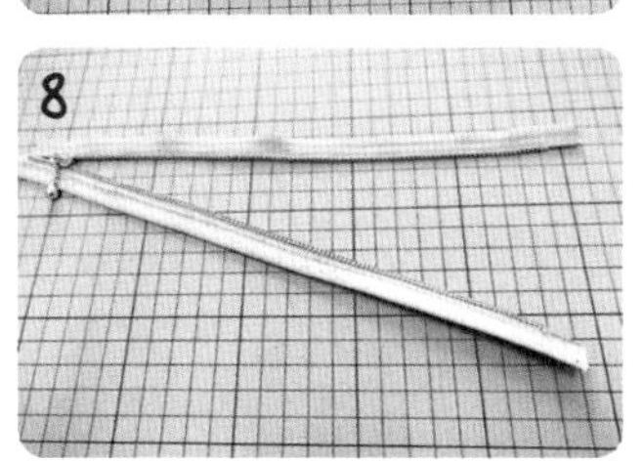

7. 前片表布其中一长边包边。

8. 用包边条把拉链其中一边拉链布包边。

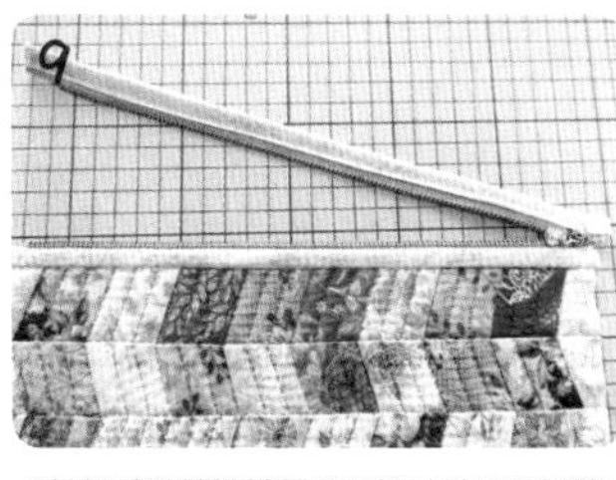

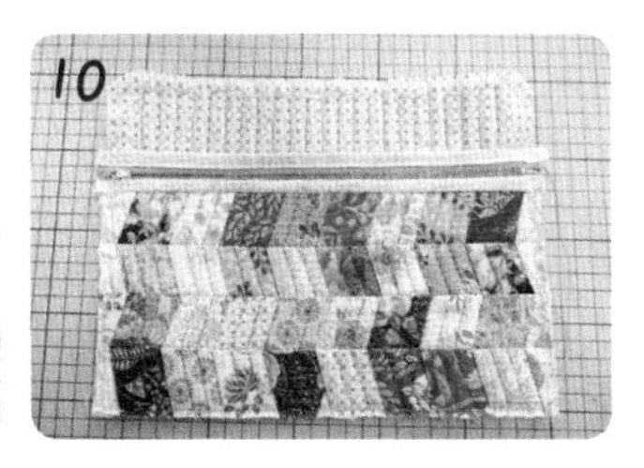

9. 另一边拉链布缝在前片包口的包边内侧。

10. 把处理好拉链的前片表布如图放置在后片表布的内里面，藏针缝把拉链包边缝在后片内里上，见步骤 11 的图示。

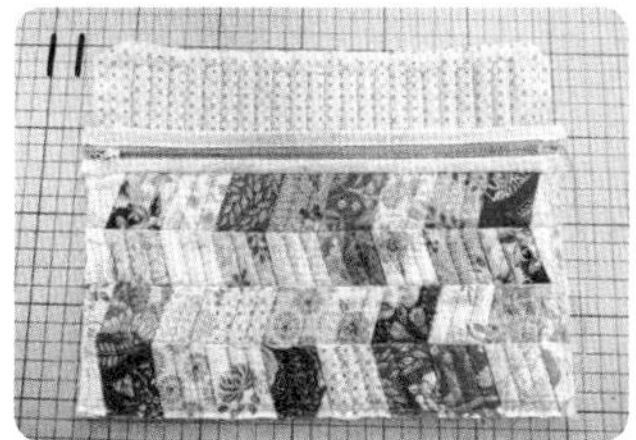

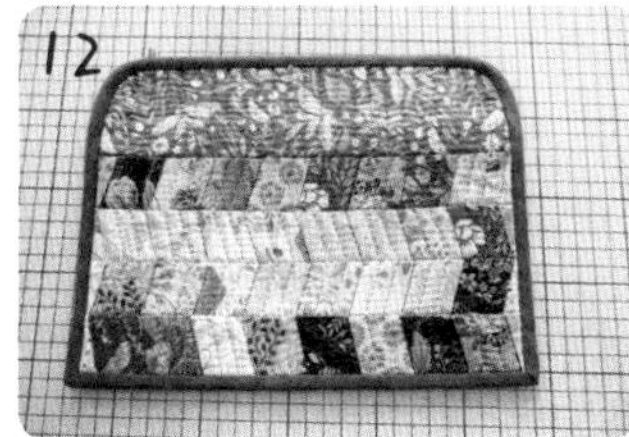

11. 如图所示。

12. 修剪好包口的圆弧轮廓，包边。

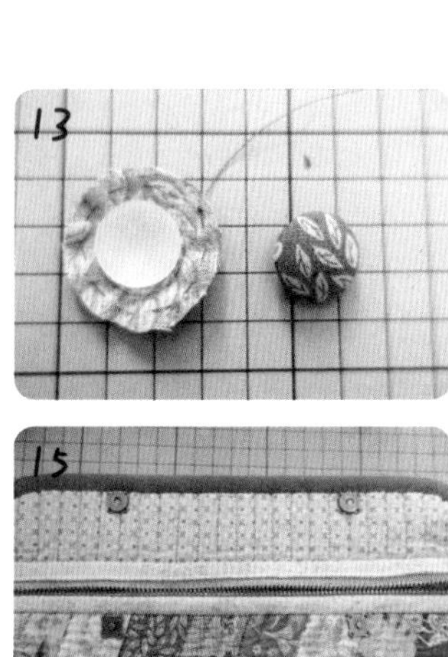

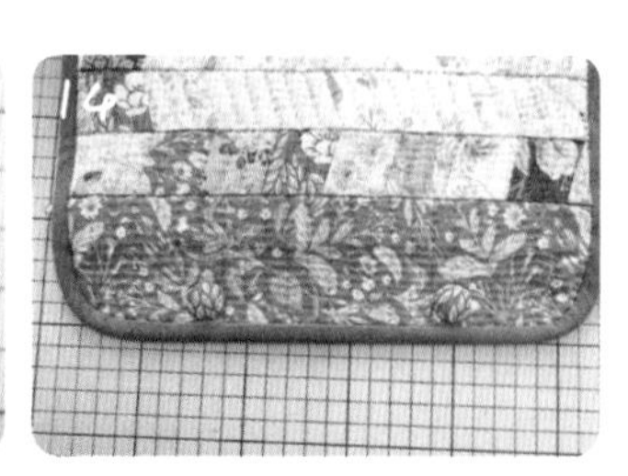

13. 如图制作布包扣。

14. 在包口布上藏针缝缝上两个布包扣，两个包扣中间间隔为 10cm。

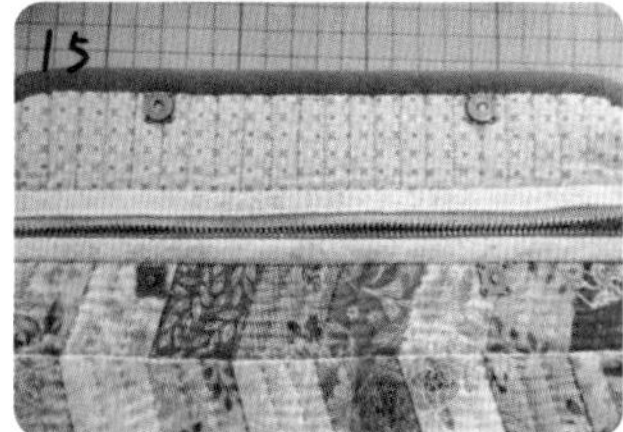

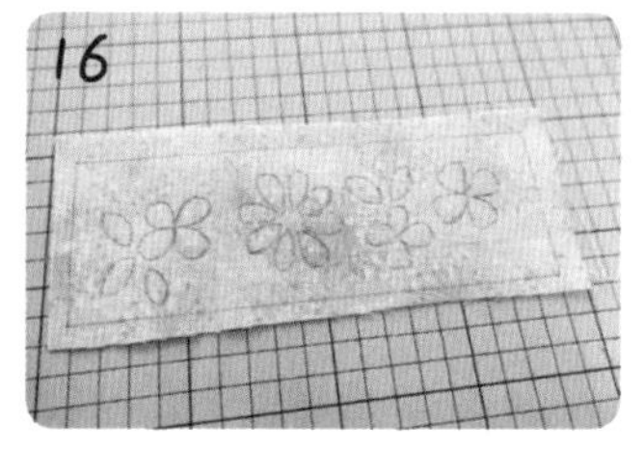

15. 在包口布内侧缝上两个磁扣。

16. 按照纸型纸型裁剪浅蓝色布块（纸型纸型无须另加缝份），并画好贴布纸型。

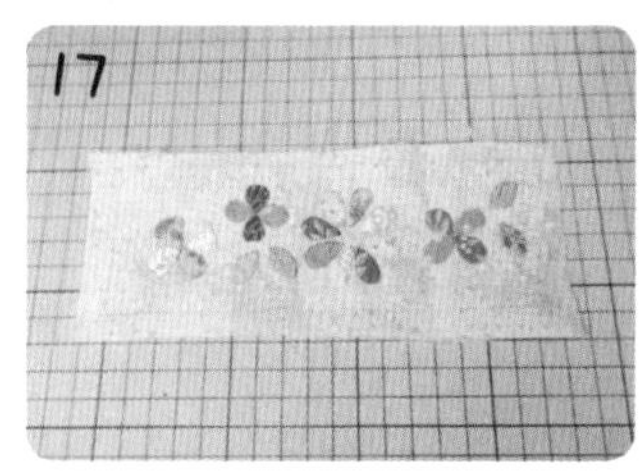

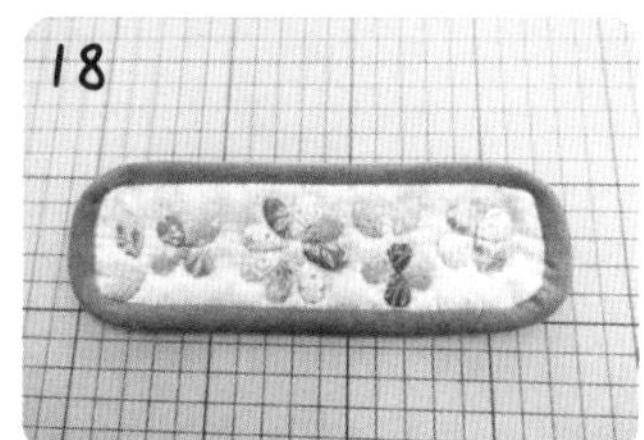

17. 完成全部贴布布块。

18. 表布、胚布、后背布三层重叠，疏缝并压线，修剪四个角落的圆弧形状后包边。

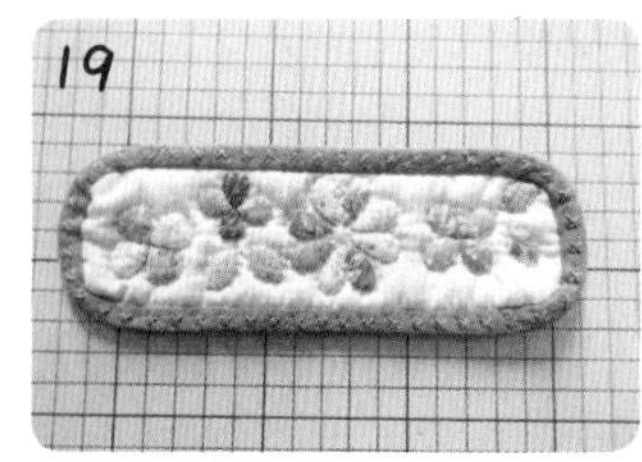

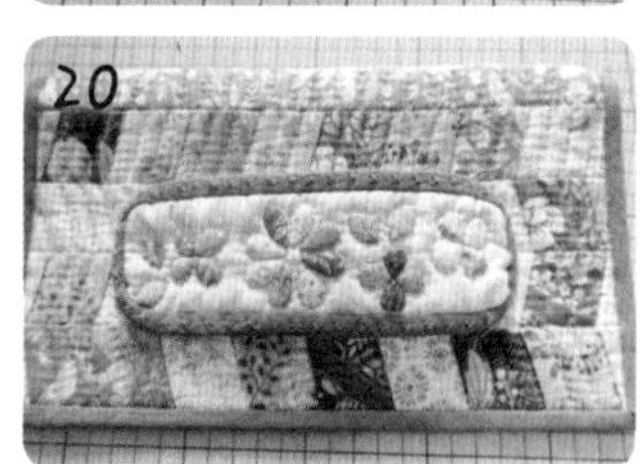

19. 在包边上缝装饰绣线。

20. 把手挽布两侧藏针缝缝在后片合适的位置。

21. 包包完成。

12
春之物语钱包

材料：
拼布和贴布用布 15 色各适量、
内里布 22cm×45cm、
包边条 85cm、
真皮钱包内胆。

成品尺寸：长 21cm，宽 11cm

春意盎然，五彩缤纷，带出生机与活力。

为防止压线后表布尺寸缩小导致无法与内胆缝合，请先留 1cm 缝后剪布，拼接完之后再把缝份修成 0.7cm。

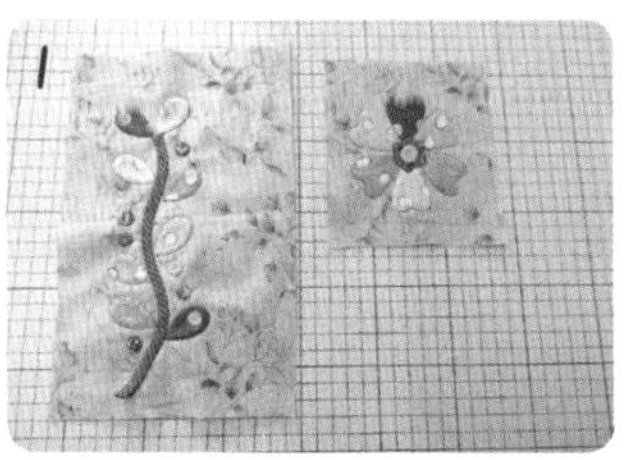

1. 完成两个区块的贴布。
2. 表布拼接完成。

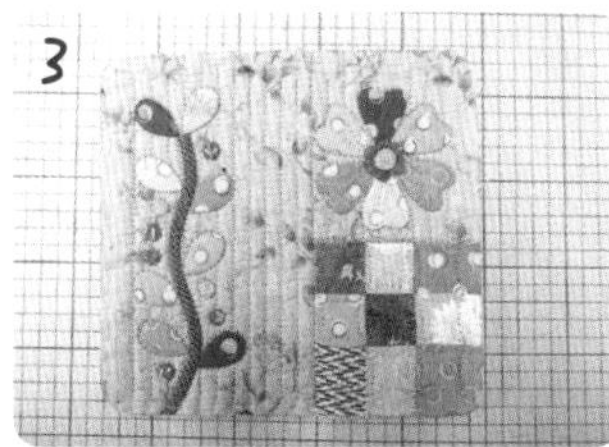

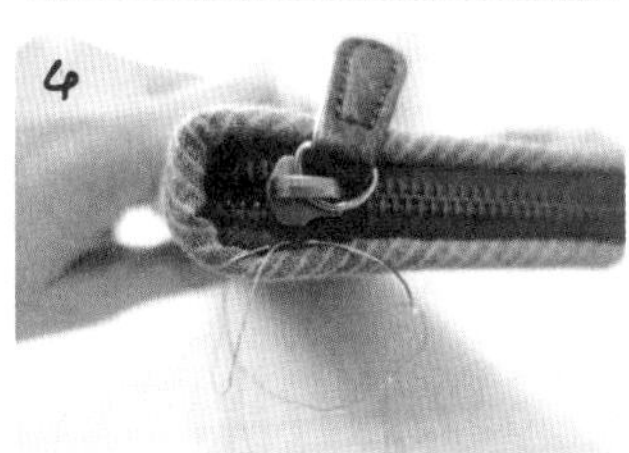

3. 画好压线线迹，表布烫在单面带胶铺棉上，与胚布重叠后疏缝压线。压线完成后，再用纸型上含包边的纸型对一遍压线后的表布，修剪多余的铺棉和胚布。
4. 四周包边后，藏针缝缝在真皮钱包内胆上，此处用弯针能更好地缝合钱包内胆。

5. 钱包完成。

13 七彩幻想斜挎包

材料：
拼布用布 10 色各适量、
贴布用布 2 色各适量、
内里布 20cm × 110cm、
包边条 2 米、
磁扣一对、
斜挎包带一组。

成品尺寸：长 20cm，宽 13cm

绚烂的色彩抓人眼球，带它出门一定会有好心情。

步骤

下述尺寸如无特别说明，拼接缝份另加 0.7cm。

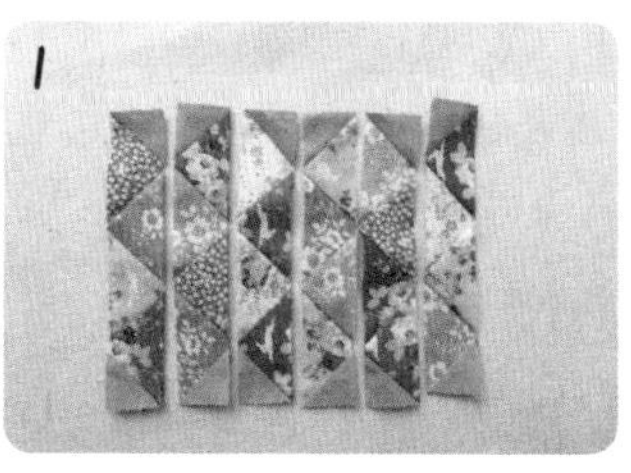

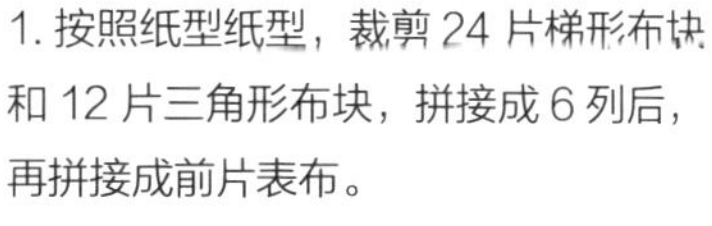
1. 按照纸型纸型，裁剪 24 片梯形布块和 12 片三角形布块，拼接成 6 列后，再拼接成前片表布。

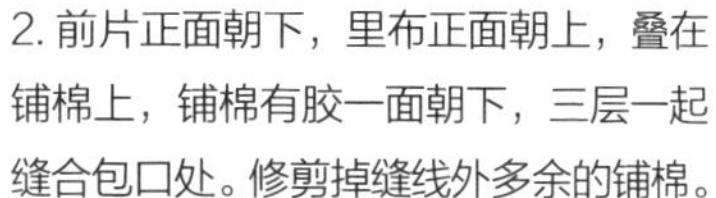
2. 前片正面朝下，里布正面朝上，叠在铺棉上，铺棉有胶一面朝下，三层一起缝合包口处。修剪掉缝线外多余的铺棉。

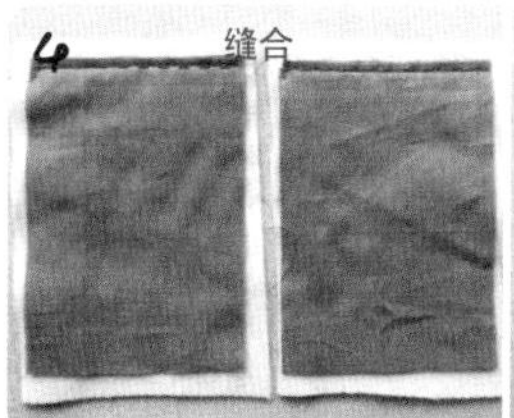

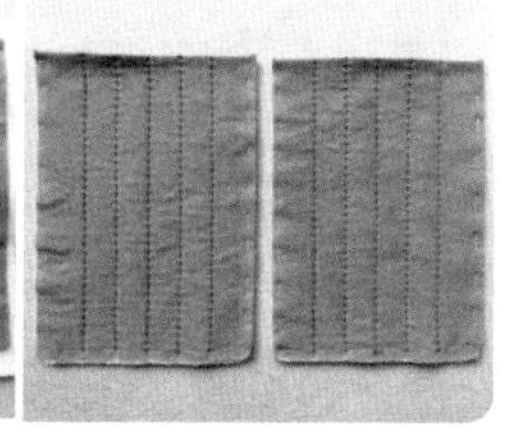

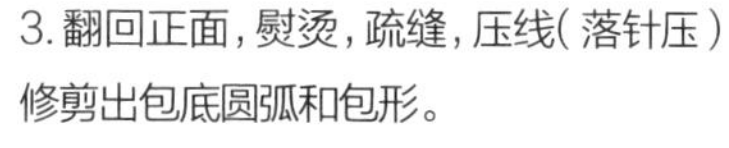
3. 翻回正面，熨烫，疏缝，压线（落针压）修剪出包底圆弧和包形。

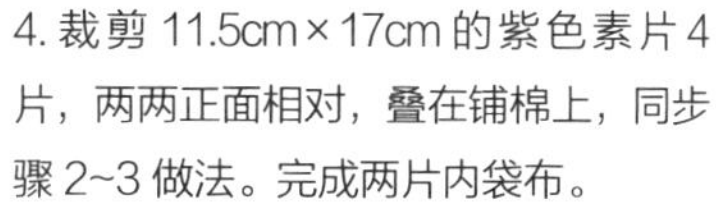
4. 裁剪 11.5cm × 17cm 的紫色素片 4 片，两两正面相对，叠在铺棉上，同步骤 2~3 做法。完成两片内袋布。

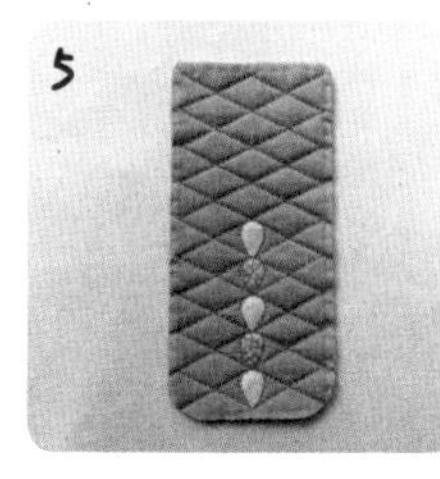
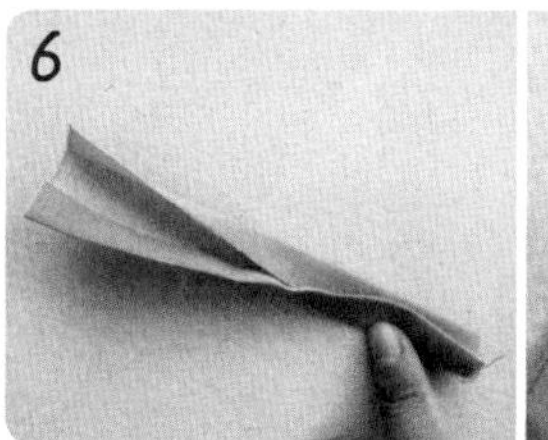
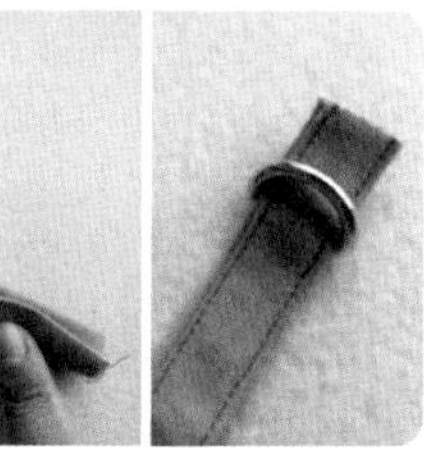

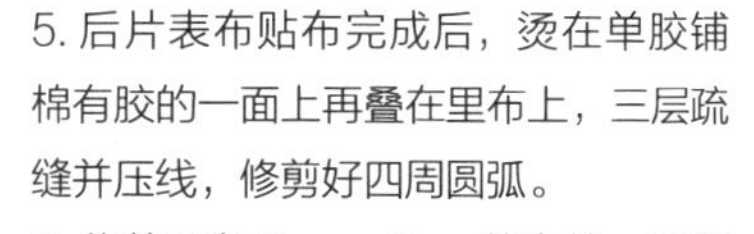
5. 后片表布贴布完成后，烫在单胶铺棉有胶的一面上再叠在里布上，三层疏缝并压线，修剪好四周圆弧。

6. 裁剪两条 5cm × 5cm 的布块，翻折成如图布条。布条两侧压一道直线，穿过 D 型环，制作出挂耳。

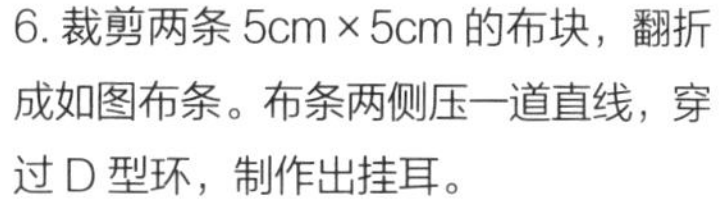
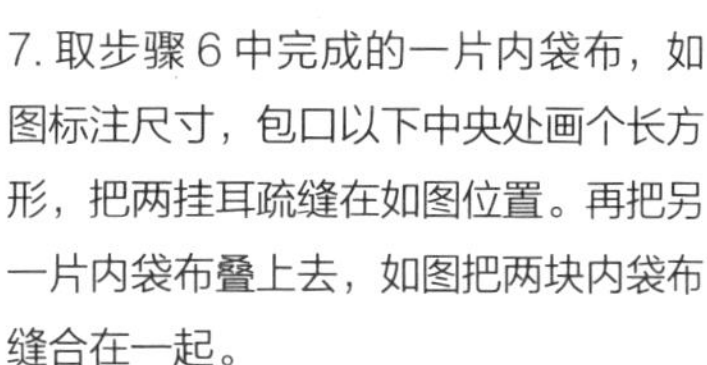
7. 取步骤 6 中完成的一片内袋布，如图标注尺寸，包口以下中央处画个长方形，把两挂耳疏缝在如图位置。再把另一片内袋布叠上去，如图把两块内袋布缝合在一起。

8. 内袋布一面与前片重叠，疏缝。

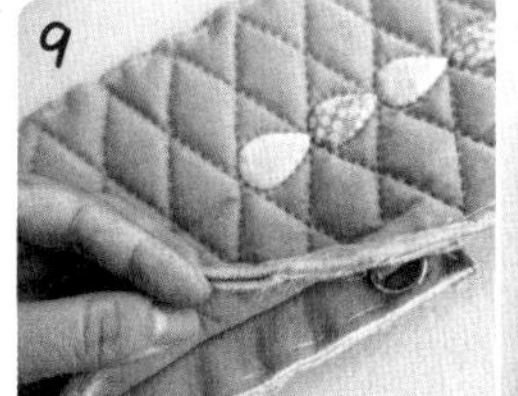
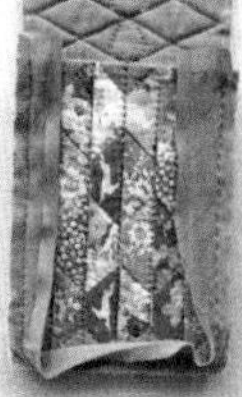
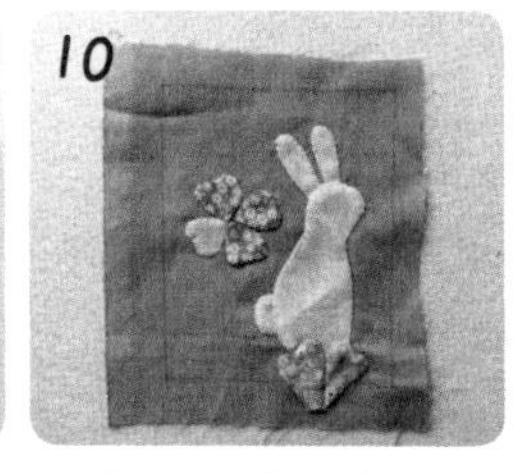

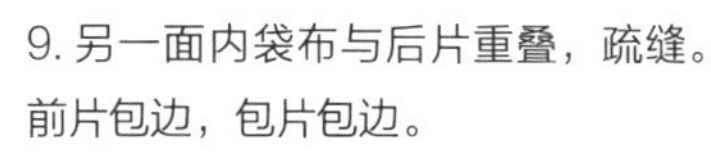
9. 另一面内袋布与后片重叠，疏缝。前片包边，包片包边。

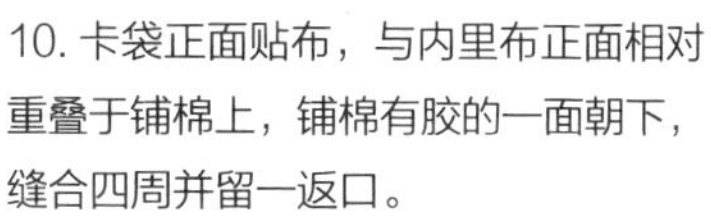
10. 卡袋正面贴布，与内里布正面相对重叠于铺棉上，铺棉有胶的一面朝下，缝合四周并留一返口。

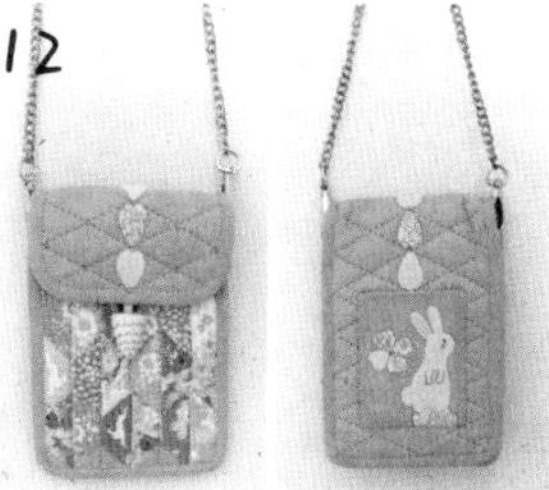

11. 修剪掉多余的铺棉，从返口翻回正面，藏针缝缝合返口，熨烫、疏缝、压线、缝上绣线。藏针缝在后片上，完成卡袋。

12. 包口缝上磁扣，皮质挂件、米珠。

14

梦中蝶手提包

材料：
拼布用布 8 色各适量、
内里布 30cm × 110cm、
织带 60cm、
35cm 拉链一条、
缎带、
蜡绳。

成品尺寸：长 32cm，宽 21cm，厚 10cm

今年流行的薰衣草色，搭配独特的拼布手法和温柔内敛的包型，仿若一首优美的田园诗。

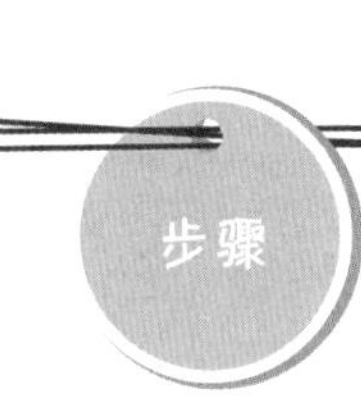

步骤

下述尺寸如无特别说明，拼接缝份另加 0.7cm。

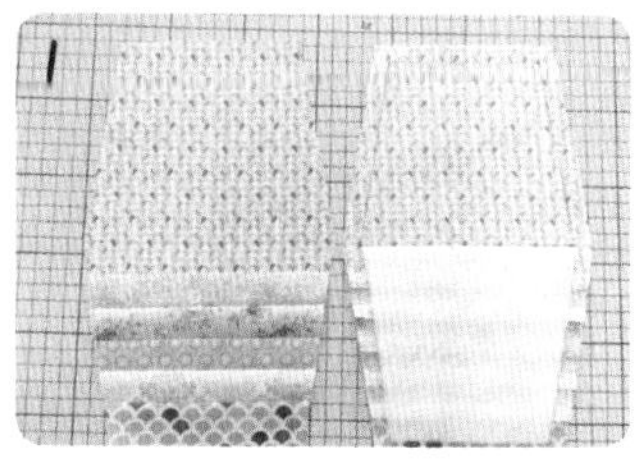
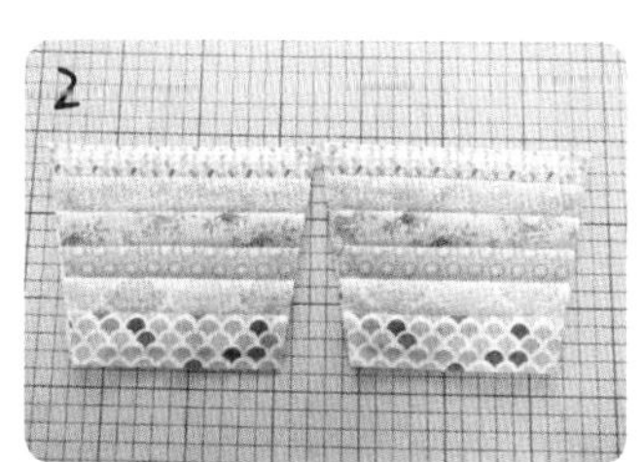

1 按照纸型标注尺寸拼接两片 G 色布块，并在背面一半的位置烫单面带胶铺棉，铺棉不要加缝份。

2. 背面相对，对折包侧口袋布，落针压线。

3. 裁剪 21cm × 10cm 的包侧布两片，与铺棉和胚布重叠后，三层疏缝并压线，压线图案为边长为2cm的正方形格子。

4. 修剪掉缝份线外多余的铺棉。

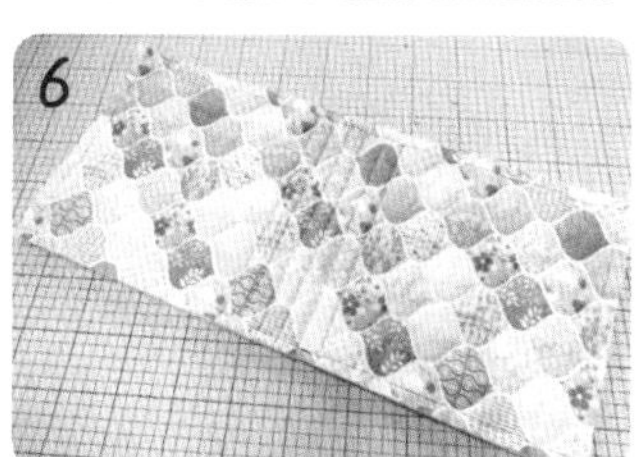

5. 把口袋疏缝在包侧上。

6. 裁剪 52cm × 21cm 的包身布，与铺棉和胚布重叠后，三层疏缝并压线，前后片尺寸是 21cm × 21cm，包底尺寸为 21cm × 10cm。

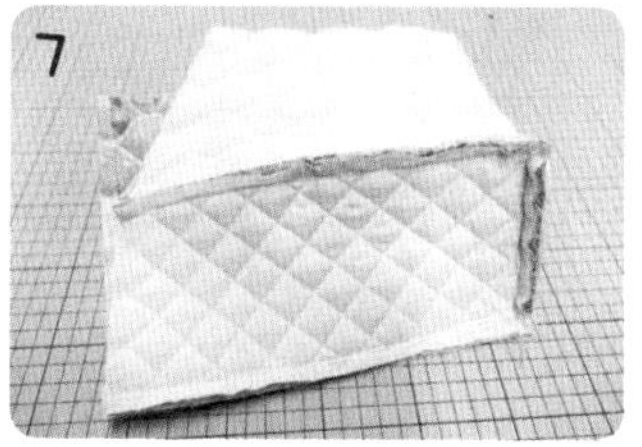
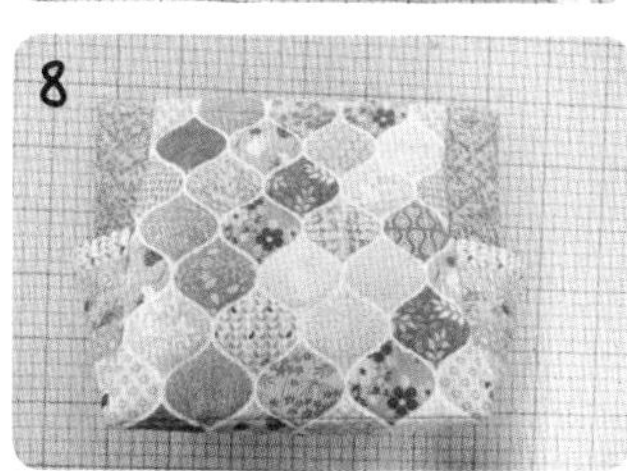

7. 两包侧布与包身布正面相对，缝合。

8. 包侧布与包身布缝合后的外袋。

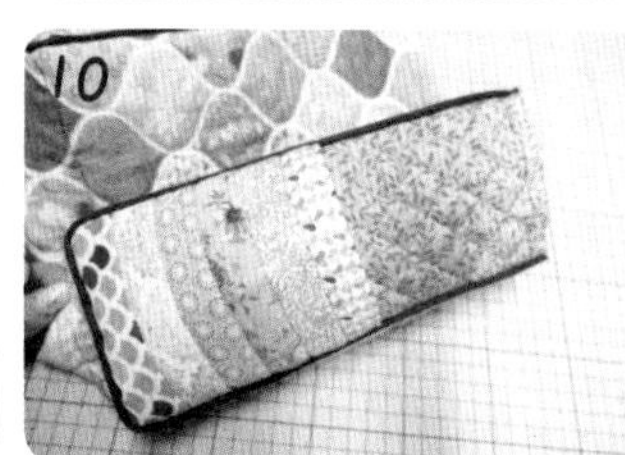

9. 在包侧与包身拼接接缝处，藏针缝缝上蜡绳。

10. 缝好蜡绳后如图所示。

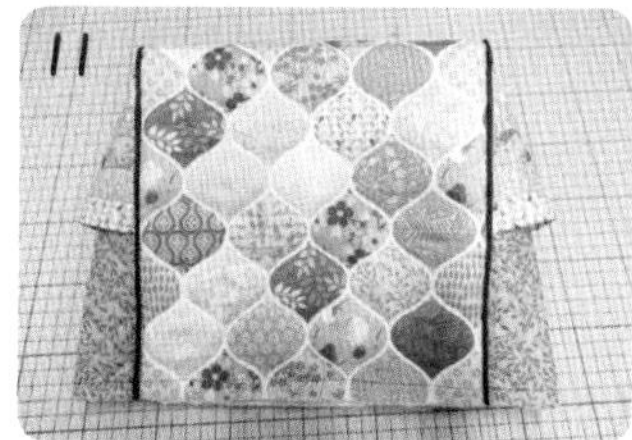
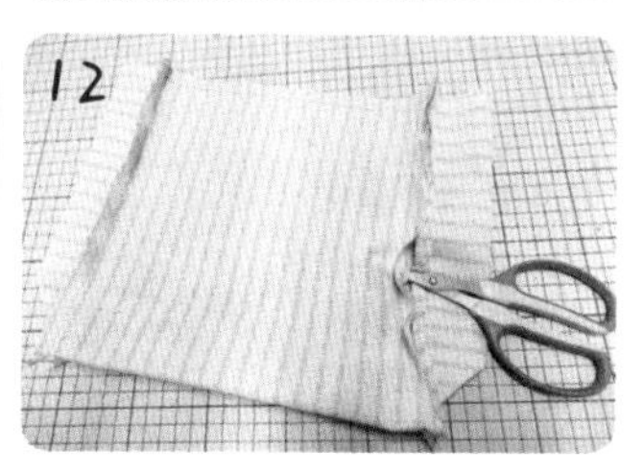

11. 前后片拼接处都要缝蜡绳。

12. 参考外袋方法，完成内袋。内袋包侧一侧要留 10cm 左右返口。

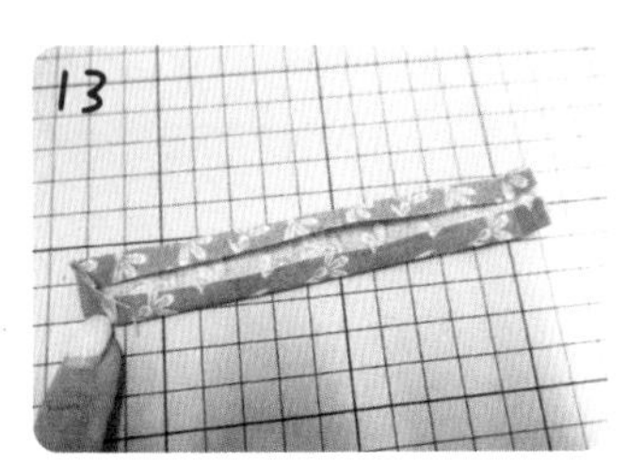

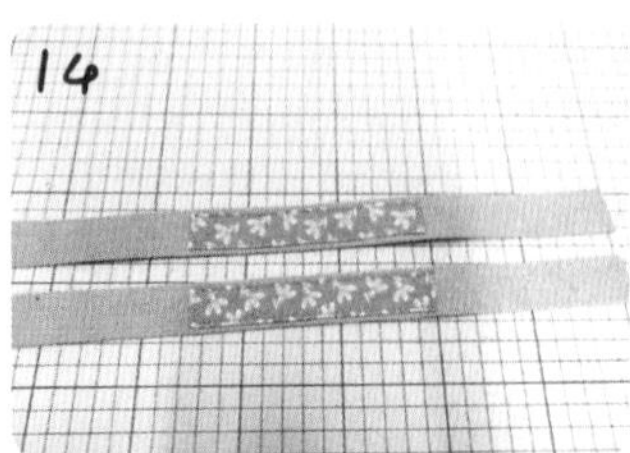

13. 裁剪两片 12.5cm × 2cm 的布块，把预留的 0.7cm 缝份如图翻折并熨烫平整。
14. 裁剪实际尺寸为 32cm 长的织带 2 条，并把步骤 13 中处理好的布块车缝在织带正中央。

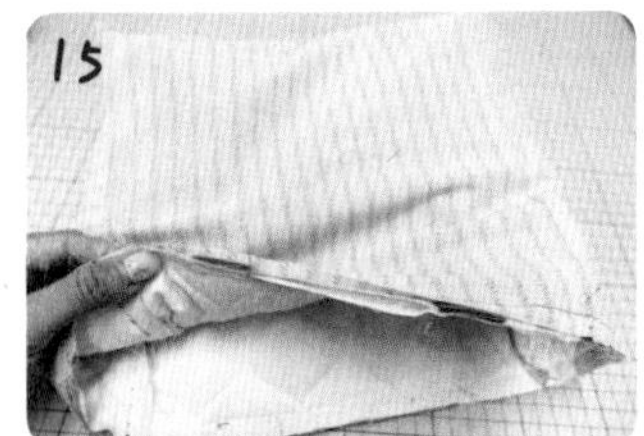

15. 外袋和内袋正面相对，中间夹入两条织带把手，把手间隔为 10cm 左右，沿 0.7cm 缝份处缝合整圈包口。
16. 包口处缝上拉链。

17. 从内袋侧面预留的返口把整个包翻回正面后，藏针缝缝合返口。包口处距离包口 0.5cm 压一道直线把外袋和内袋布固定一下。缝上蝴蝶结，包包完成。

15

甜漾春天手拿包

材料：
拼布用布 18 色各适量、
贴布用布 6 色各适量、
内里布 25cm×80cm、
25cm 拉链一条、
包边条 60cm、
蜡绳。

成品尺寸：长 20cm，宽 12cm，厚 5cm

简单的拼接，充满小心思的配色，呈现出拼布独有的柔和质感。

下述尺寸如无特别说明，拼接缝份另加 0.7cm。

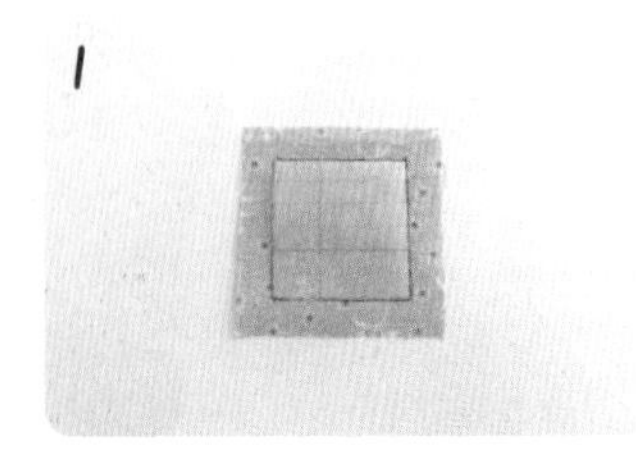

1. 利用纸型，在布料背面画 3cm×3cm 的正方形，另留 0.7cm 缝份后剪下，共裁剪 28 片正方形布块。按照个人喜欢排列 28 片布块后拼接，可先拼成 4 个横排后再组合，完成表布后片。

2. 如图所示画前片底布，裁剪好布块。

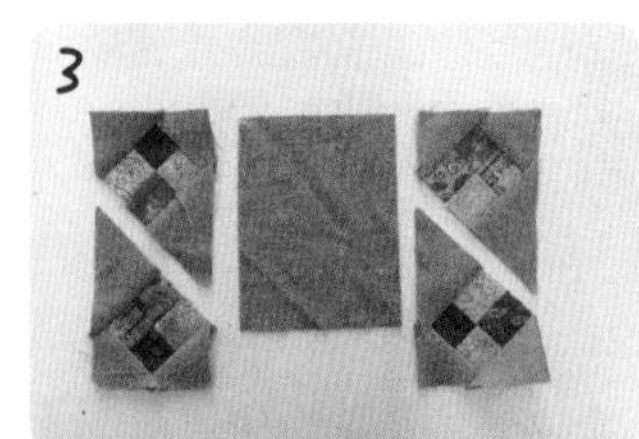

3. 前片底布和印花布拼接，完成表布前片。

4. 将表布前片、包底布、表布后片拼接成完整的表布。

5. 在前片相应位置上画好贴布图案。

6. 按照纸型标注数字顺序依次贴布。

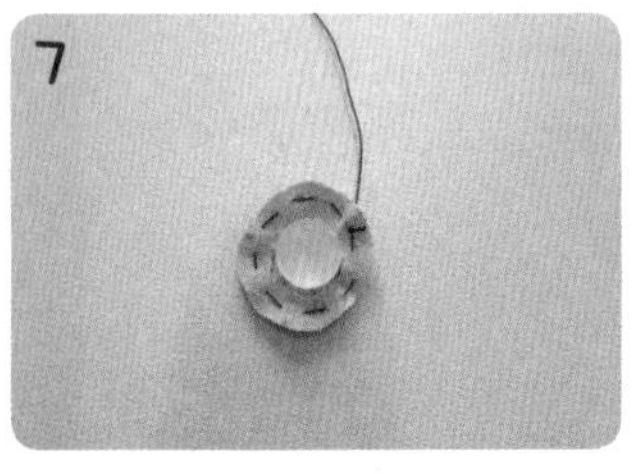

7. 中间花心部分可以用花布包裹圆形塑料扣的方式完成贴布。

8. 表布背面烫好单面带胶铺棉，两长边的铺棉无须加缝份。烫好铺棉的表布与内里布重叠，沿缝份线缝合两长边。

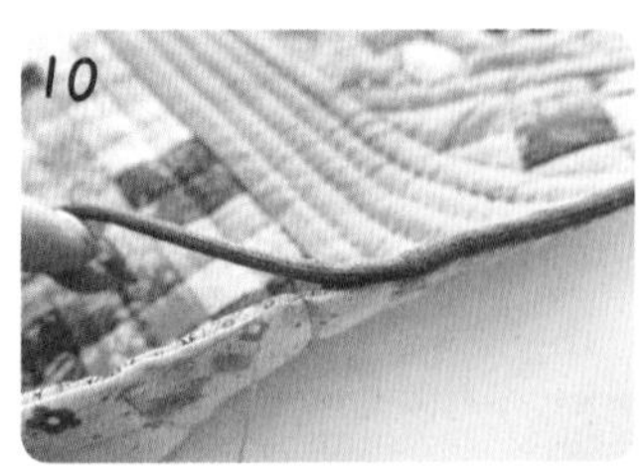

9. 翻到正面，画好压线线迹后，疏缝并压线，缝上装饰米珠。

10. 把蜡绳藏针缝缝在两侧边。

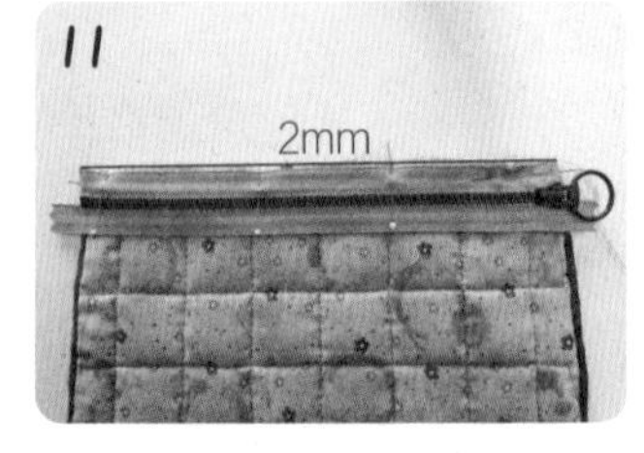

11. 把包口修齐，取 20cm 拉链一根，将拉链一侧固定在包口内里面上，拉链布边距离包口 2mm 左右，拉链头尾处多余的拉链布向内翻折进去，平针缝固定在内里布上。

12. 把另一侧拉链也缝合在另一侧包口内里布上。

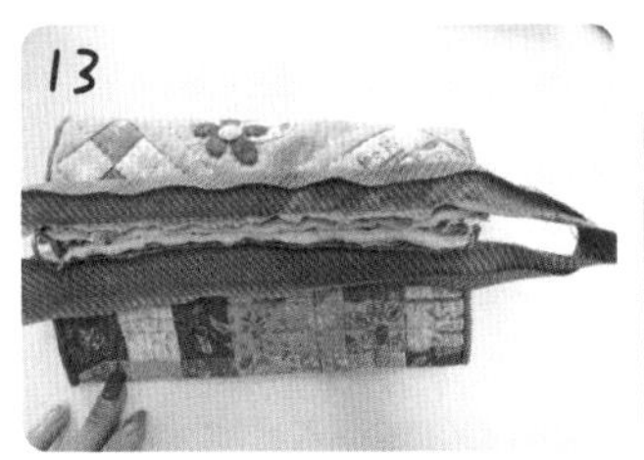

13. 包口处包边，靠近拉链头的一侧包边布多出包口 1cm。靠近拉链尾一侧，如图处理，包边条不断开直接绕到另一侧包口包边。
14. 拉链尾处的包边条藏针缝缝合开口。

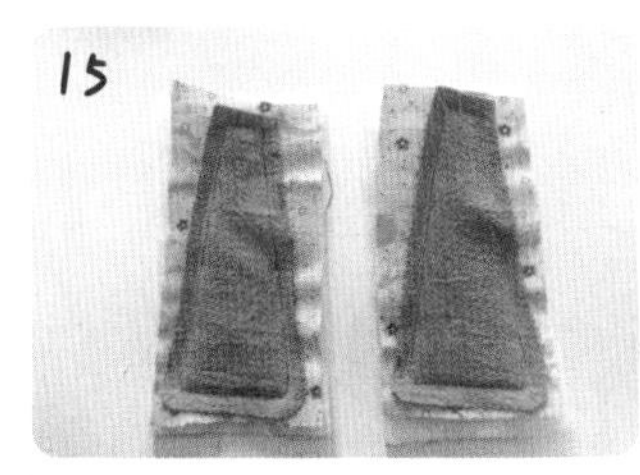

15. 按照纸型裁剪 2 片包侧布，与内里布正面相对重叠在铺棉上，缝合四周，留一返口。
16. 修剪掉缝线外多余的铺棉。

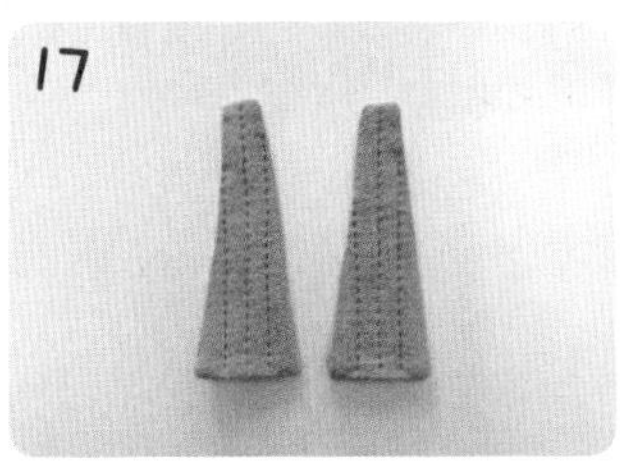

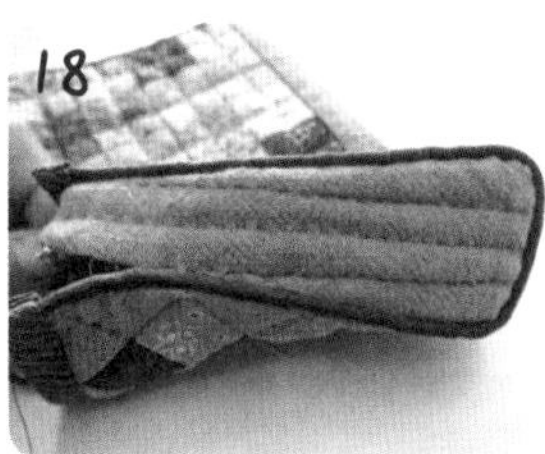

17. 从返口翻回正面，藏针缝缝合返口，压三条竖线。
18. 把两片包侧布藏针缝缝在包侧蜡绳处。

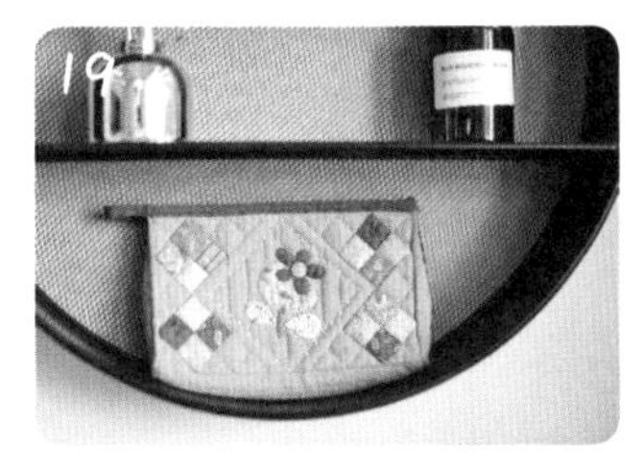

19. 根据个人喜欢在拉链头处做装饰，包包完成。

16 多彩泡芙篮子

材料：
拼布用布 25 色各适量、
贴布用布 10 色各适量、
胚布 8cm × 110cm、
内里布 40cm × 35cm、
包边条 50cm、
双向拉链 4cm 一条、
松紧带 20cm、
塑料板 15cm × 40cm、
木珠和绣线适量。

成品尺寸：长 16cm，厚 7cm

外表泡芙般的松软，内里存放着的每一件小物件，都仿佛被温柔轻轻包裹着的美好。

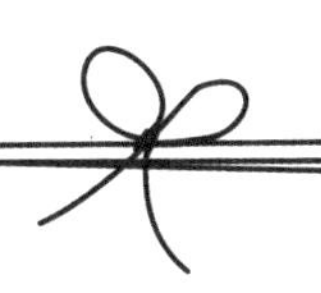

步骤

下述尺寸如无特别说明，拼接缝份另加 0.7cm。

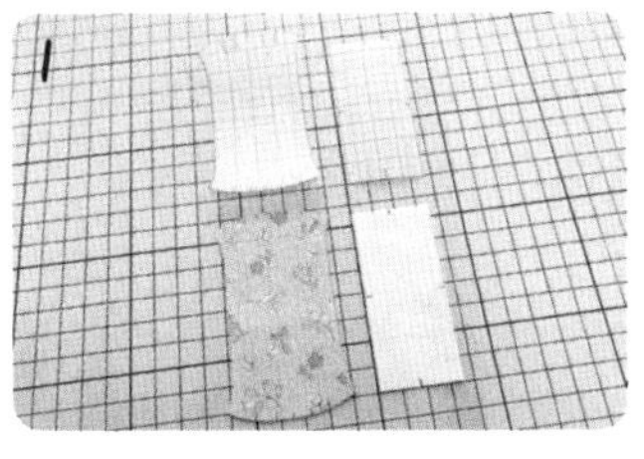

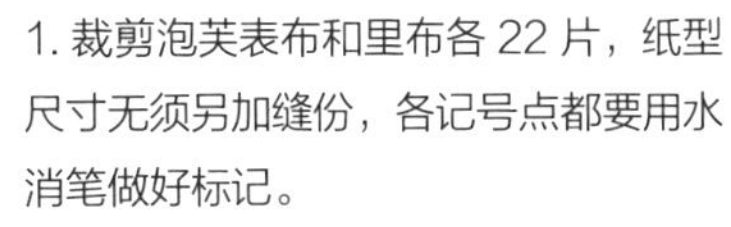

1. 裁剪泡芙表布和里布各 22 片，纸型尺寸无须另加缝份，各记号点都要用水消笔做好标记。

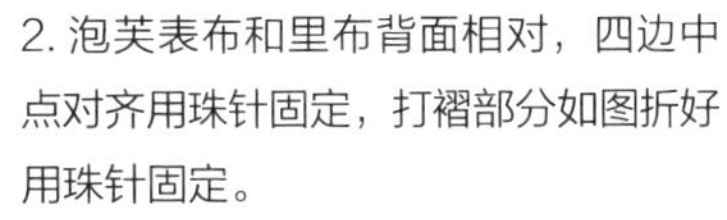

2. 泡芙表布和里布背面相对，四边中点对齐用珠针固定，打褶部分如图折好用珠针固定。

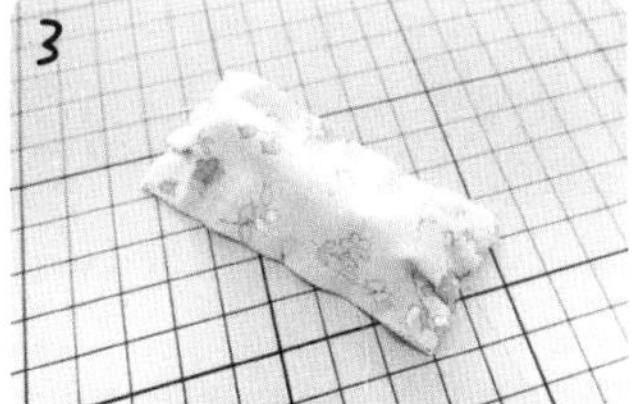

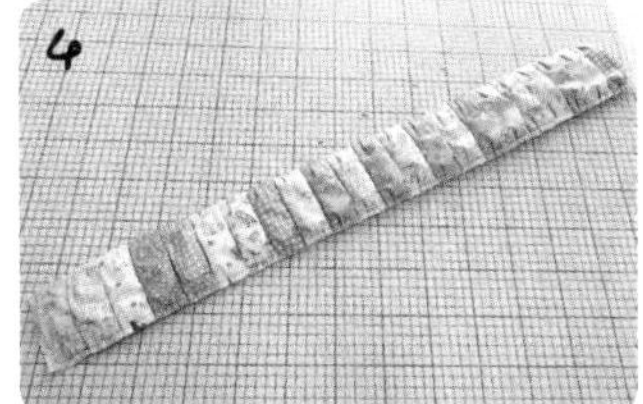

3. 距离布边 5mm 处疏缝固定一圈，完成 22 片泡芙表布和里布的组合。
4. 泡芙表布正面相对，如图依次沿 0.7cm 缝份线缝合成一长条。

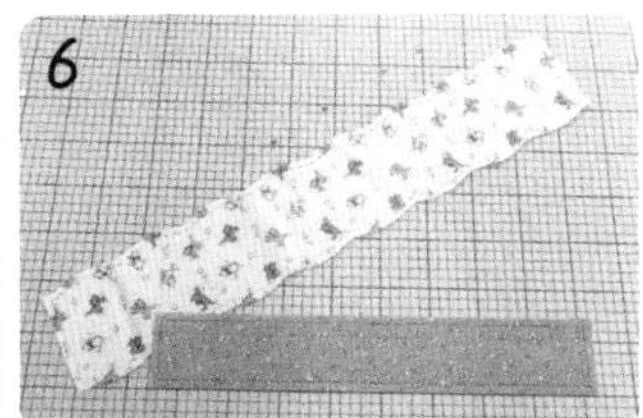

5. 长条背面如图所示。
6. 裁剪一片折袋布和一片内袋布，注意纸型上仅是一半长度的纸型，记号点和分割线都要用水消笔做好标记。

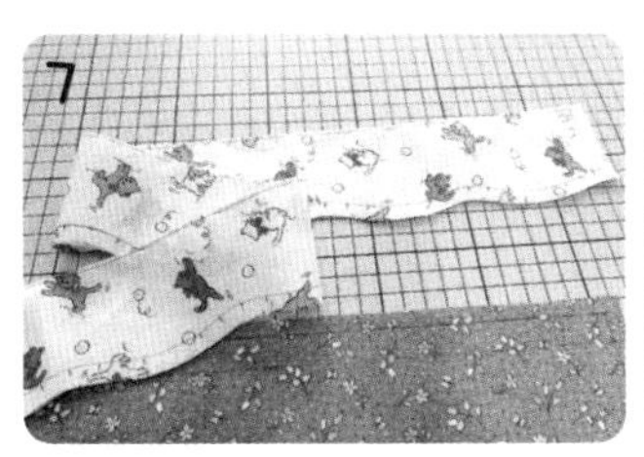

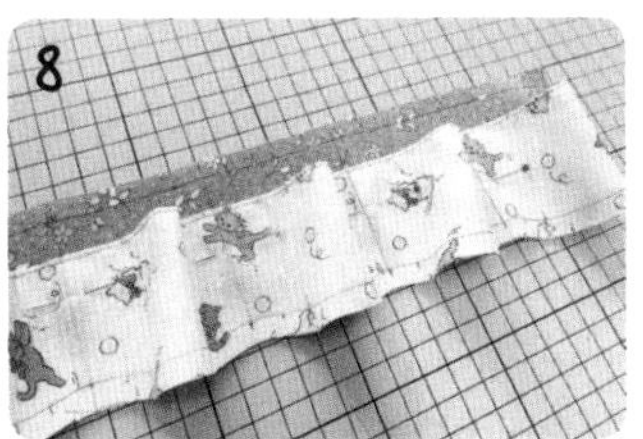

7. 折袋布如图对折。
8. 折袋布重叠在内袋布，分割线对齐后，用平针缝沿分割线缝合，把折袋布固定在内袋布上。

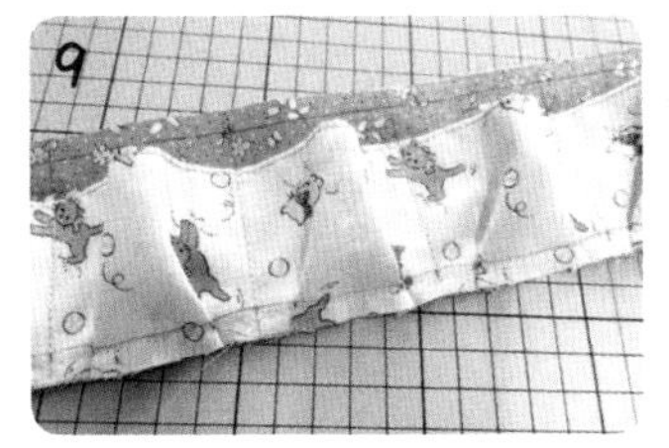

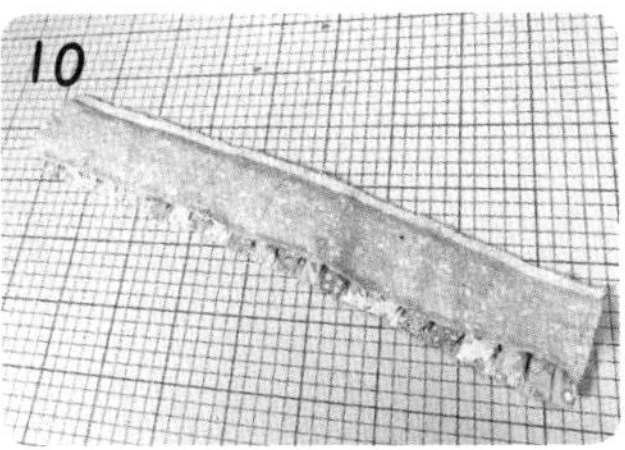

9. 打褶部分如图折好后疏缝固定。
10. 内袋布和泡芙长条正面相对，缝合一长边。

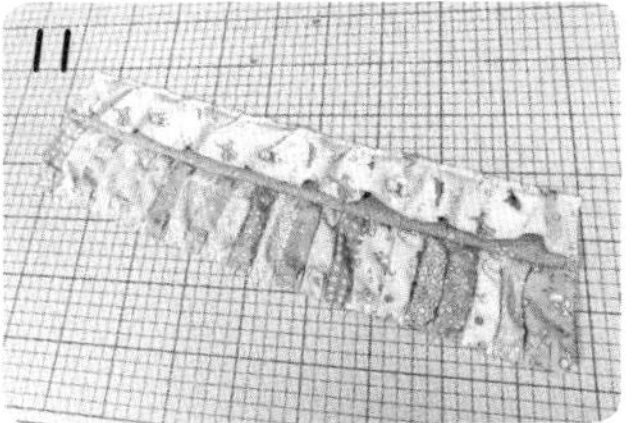

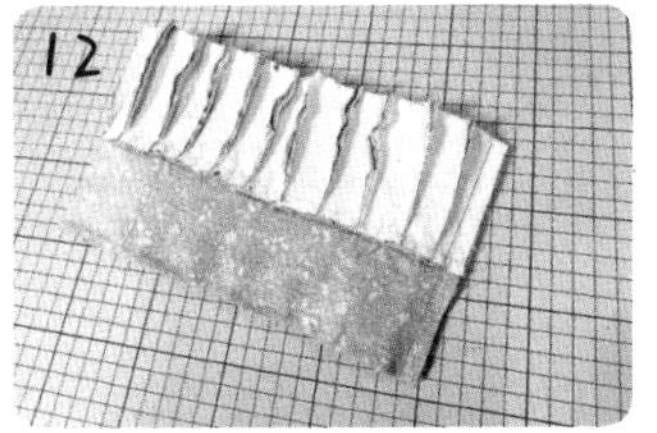

11. 翻开后如图所示。
12. 再把步骤 10 完成的长条布沿短边对折，缝合侧面，使之成为一圆筒状。

13. 每个泡芙背面剪开一个 2cm 左右的口子，注意只能剪里布，不能剪到表布。
14. 从剪开的口子往里塞填充棉。

15. 塞满后，大针脚缝合口子，这里的线迹不会被看到，所以随意缝合不让棉花跑出来即可。
16. 整圈 22 个泡芙全部塞好棉花，缝合口子。

17. 把泡芙部分翻折过来，与内袋布背面相对疏缝一圈，完成篮子外围部分。
18. 制作盖子，在粉色水玉布上画好盖子圆圈，并用水消复写纸和水消笔画好贴布图案。

19. 按照纸型标注顺序依次完成全部贴布，把盖子表布叠在单面带胶铺面上。
20. 用中低温熨烫一下，然后在最下层再加一层胚布后，三层一起疏缝并压线。

21. 压线完成后，沿圆圈外 7mm 修剪，剪出圆形盖子形状。
22. 包边并绣上绣线，包边四周千鸟绣，花心部分法国结粒绣。

23. 按照图中尺寸裁剪盖子和篮子连接布，对折缝合一侧。
24. 翻回正面用熨斗熨平。

25. 将连接布疏缝在盖子背面。

26. 如图用珠针把一侧拉链布固定在盖子背面，拉链头部分要翻折一下。用藏针法缝合拉链后，再把拉链布边贴布缝在盖子背面。

27. 制作盖子内口袋，裁剪两片内口袋布。

28. 正面相对缝合上半部。

29. 翻回正面后，车缝或者平针缝缝两条间距为 1cm 的缝线。

30. 在 1cm 间隔内，穿入松紧带。

31. 另裁剪一块直径为 12cm 圆形的盖子背布，要另加 1cm 缝份，把内口袋布疏缝在背布上。

32. 剪一块直径为 12cm 圆形塑料板（不加缝份），盖子背布外围疏缝一圈，放入塑料板后拉紧，让盖子背布包住塑料板。

33. 盖子背布正面如图所示。

34. 把盖子背布盖在盖子胚布那面，藏针缝缝合，遮住拉链布。

35. 盖子连接布另一端疏缝在篮子内侧。

36. 多余的部分剪掉。

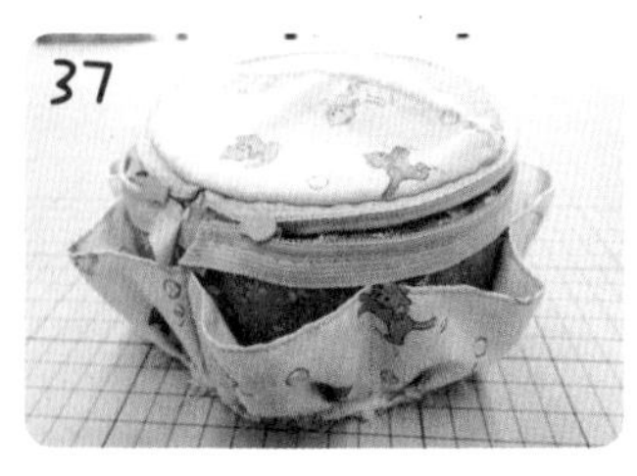

37. 另一侧拉链布如图用珠针固定在篮子内侧。
38. 用藏针法缝合拉链。

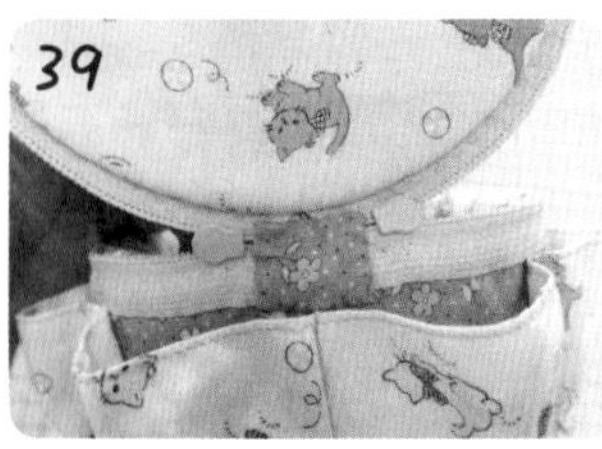

39. 拉链布边贴布缝固定在篮子内侧。
40. 裁剪一块灰色花布，把四周缝份翻折进去后贴布缝盖住拉链头尾裸露的部分。

41. 裁剪直径为 12cm 和 13cm 的圆形篮子底盖布和内盖布（需另加 1cm 缝份），剪实际尺寸直径为 12cm 和 13cm 的塑料板各一片，分别用布包住塑料板。
42. 直径为 13cm 的作为底盖，盖在泡芙底端，藏针缝缝在泡芙上。

43. 直径为 12cm 的作为内盖，塞入篮子内，拉链头绑上缎带。
44. 泡芙工具篮完工。

17 多功能线轴盘

材料：
拼布用布 8 色各适量、
贴布用布 5 色 各适量、
内里布 25cm × 50cm、
松紧带 50cm、
米珠。

给多彩的线轴找个家，各种颜色分类放，随身携带好方便。

步骤

下述尺寸如无特别说明，拼接缝份另加 0.7cm。

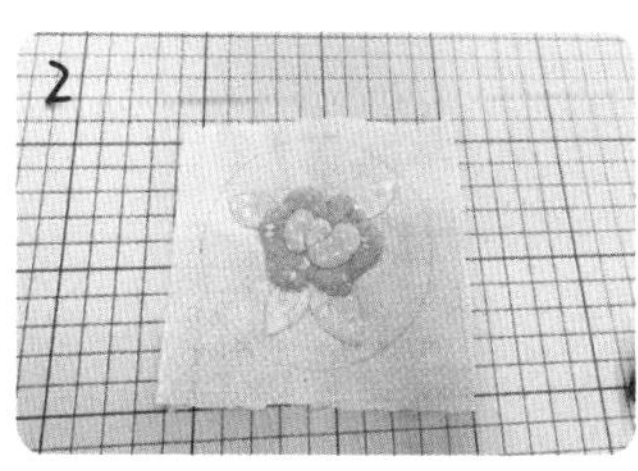

1. 裁剪直径为 10cm 的圆形粉色水玉布，四周另留 7mm 缝份，并在布料上画好贴布线迹。
2. 按照纸型标注数字顺序依次完成全部贴布。

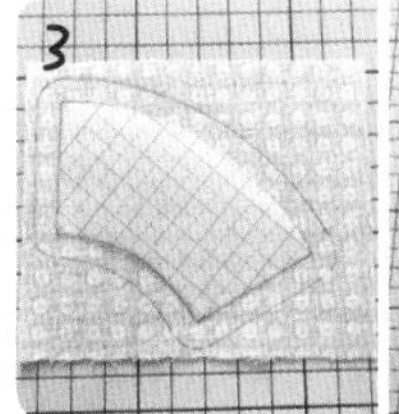

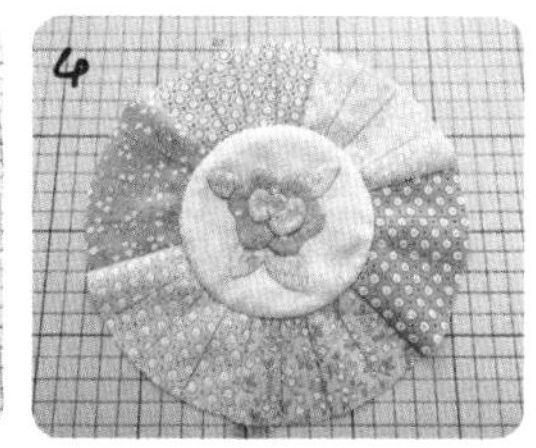

3. 裁剪 6 片圆盘外圈布块。拼接成一圈。
4. 把步骤 2 中完成的圆形布块贴布缝在圆盘中心，完成前片表布。

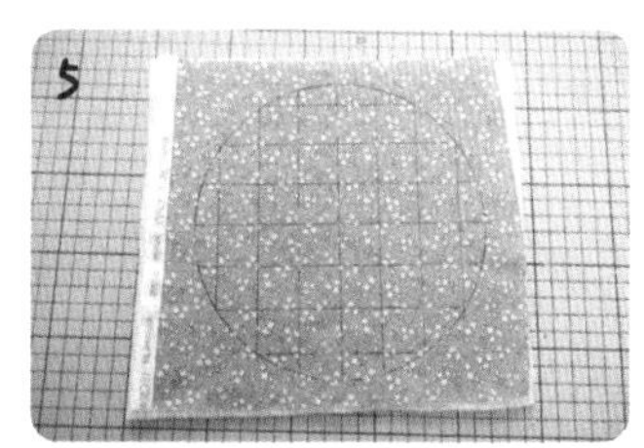

5. 裁剪与前片表布相同尺寸的后片布。
6. 前片表布后片表布正面朝上叠在单面带胶铺棉上，最下层为浅绿色内里布。三层一起疏缝并压线，正中心的贴布图案部分无须压线。

7. 前片与后片压线后外圈包边。
8. 前片缝上装饰绣线。

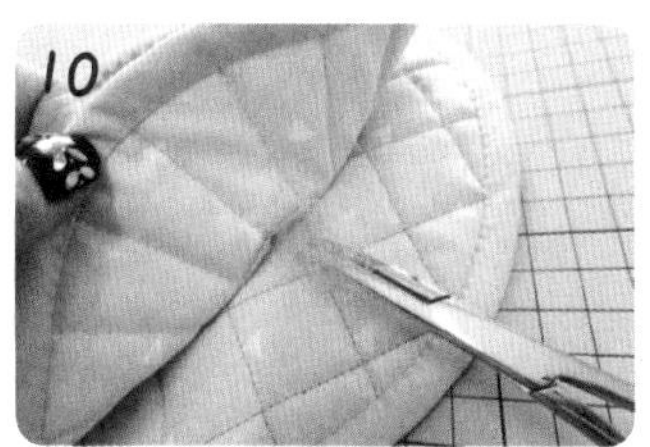

9. 前片与后片背面相对重叠，用回针缝沿中心的圆周把前后片缝合在一起，预留一个小口先不缝。
10. 往里塞适量的填充棉之后，缝合预留的小口子，完成中间针插部分。

11. 把前后片 6 个角落缝两针固定并缝上珍珠。
12. 松紧带穿过线轴，再依次穿入圆盘的 6 个区块中，绕成一圈后打活结，方便更换线轴。

18

微笑猫笔袋

材料：
拼布用布和贴布用布 15 色各适量、
内袋布 30cm × 30cm、
内里布 25cm × 25cm、
厚布衬 6cm × 30cm、
20cm 拉链一条、
磁扣两对、
绣线适量。

成品尺寸：长 21cm，宽 8cm

猫咪很淘气，喜欢藏东西，漂亮的文具，全部藏肚里。

步骤

下述尺寸如无特别说明，拼接缝份另加 0.7cm。

1. 按照纸型裁剪各区块的布料。
2. 先局部拼接，最后拼接成左右两片表布。

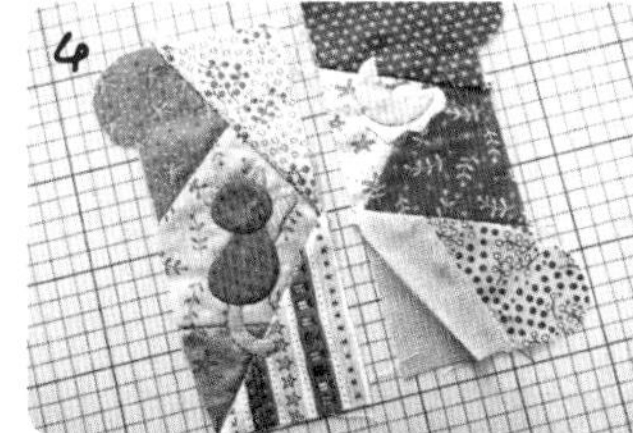

3. 在需要贴布的地方画好贴布图案。
4. 完成左右两片表布的贴布。

5. 两片表布分别烫在单面带胶铺棉上，再叠在内里布背面上，三层疏缝压线。
6. 压线后修剪掉多余的铺棉和内里布，将两直边包边。

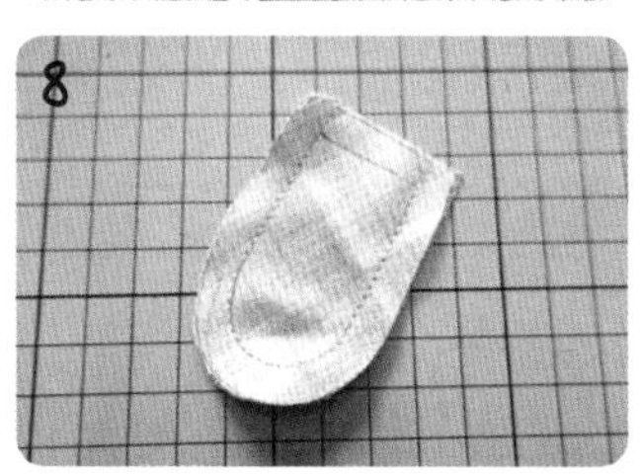

7. 缝上拉链，拉链尾端会多出来一部分。
8. 裁剪两片尾巴布，正面相对，缝合 u 字形缝份。

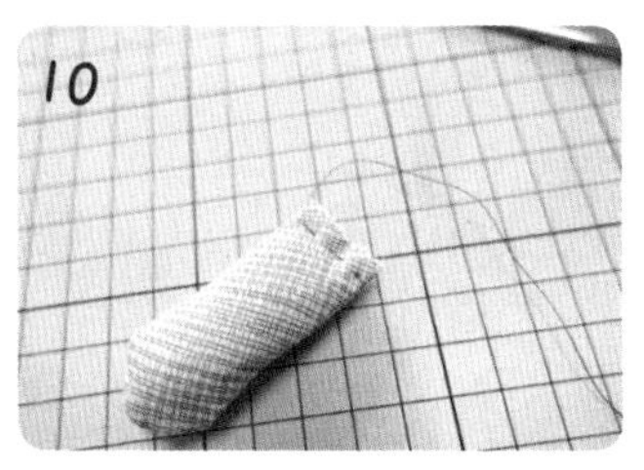

9. 从返口翻回正面，往里面塞一点棉花。
10. 开口处稍微疏缝。

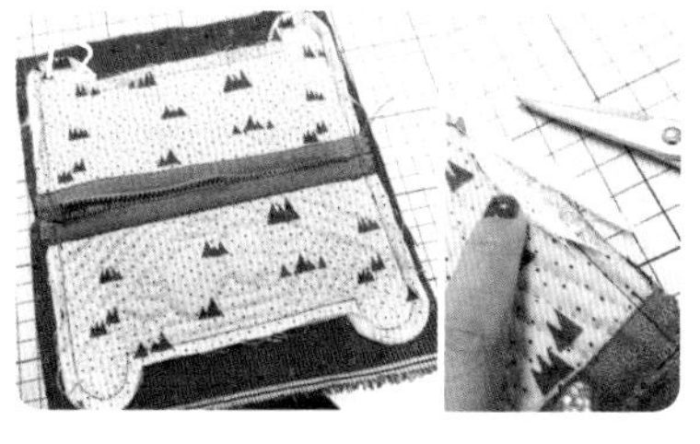

11. 再把尾巴疏缝在如图位置，剪掉多余的拉链。
12. 裁剪一片口袋布，表布与口袋布正面相对，拉链要拉开，缝合一整圈。修剪掉多余铺棉和内里布。

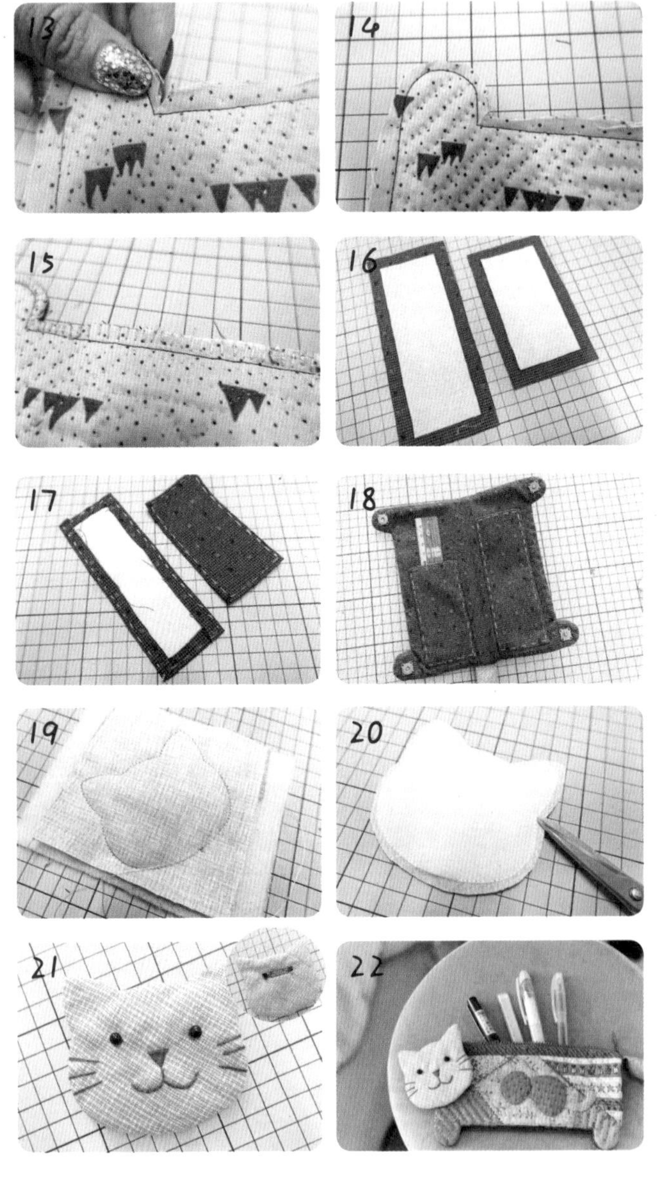

13. 凹的地方剪牙口。
14. 猫咪的四只脚缝份修小一点。

15. 缝份锁边，如果有缝纫机可用缝纫机锁边，没有缝纫机也可手缝锁边缝。
16. 裁剪两片先染布块，尺寸分别为 16cm×5cm 和 10cm×5cm（四周缝份另留 1cm），背面烫不加缝份的厚布衬。

17. 缝份翻折进来，用绣线走一圈平针缝。
18. 藏针缝缝在口袋布上。

19. 裁剪两片猫咪脑袋布，正面相对重叠于铺棉上，沿缝份线缝合一圈，返口留在底端。
20. 修剪多余的铺棉和布料，凹处剪牙口，从返口翻回正面。

21. 绣上鼻子嘴巴胡须，缝上眼珠。背面缝上别针。
22. 表布可用绣线装饰，在四只脚上缝上两对磁扣，笔袋完成。

19 贴心猫针插

材料：

拼布用布 8 色各适量、

内里布 17cm × 17cm、

塑料板 5cm × 10cm、

绣线、眼珠、蝴蝶结等。

成品尺寸：高 10cm，宽 6cm

我是你的贴心小暖猫，帮你把针带身上，有了我就不用怕被扎到了。

步骤

下述尺寸如无特别说明，拼接缝份另加 0.7cm。

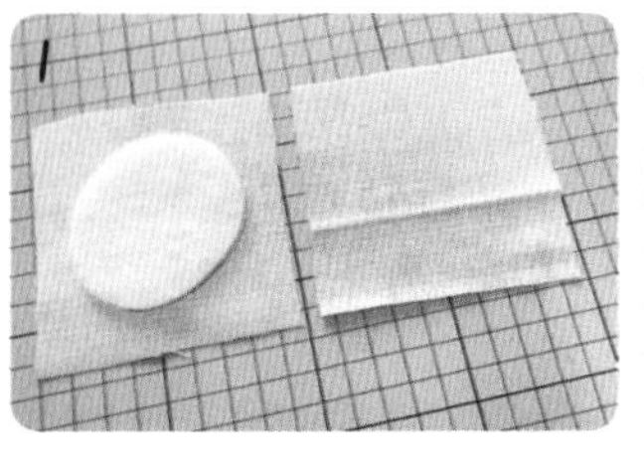

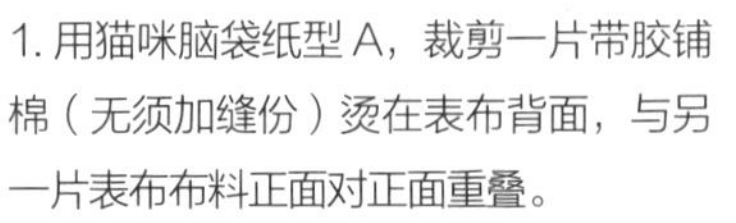
1. 用猫咪脑袋纸型 A，裁剪一片带胶铺棉（无须加缝份）烫在表布背面，与另一片表布布料正面对正面重叠。

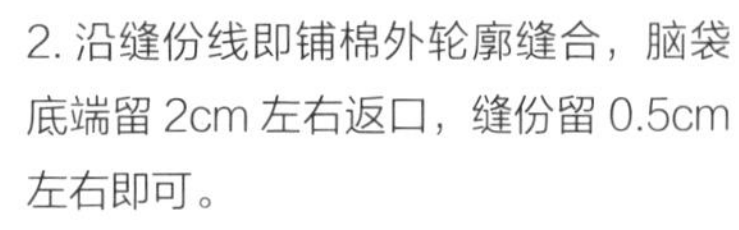
2. 沿缝份线即铺棉外轮廓缝合，脑袋底端留 2cm 左右返口，缝份留 0.5cm 左右即可。

3. 同猫咪脑袋一样做法，缝合两只耳朵，返口留在底端。

4. 从返口处把耳朵翻回正面，返口用藏针缝缝合。

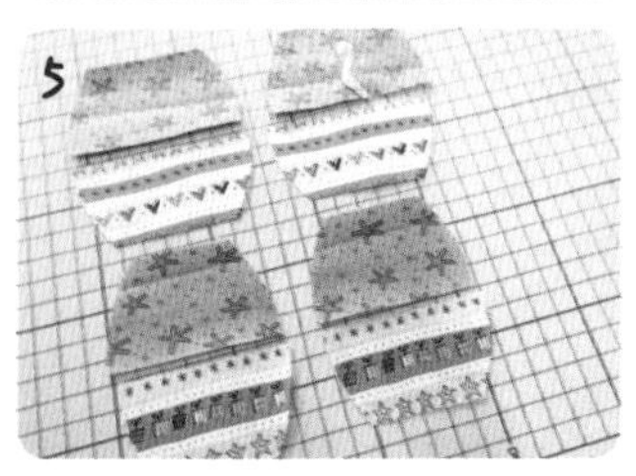

5. 裁剪 8 片猫咪身体布，共四个面。两面宽一点的，两面窄一点的，其中后片的 a 布料上，先贴布缝贴好猫咪尾巴。

6. 把步骤 5 中的布料上下拼接起来，背面烫上不加缝份的带胶铺棉。裁剪相同尺寸的内里布，背面烫上不加缝份的布衬。

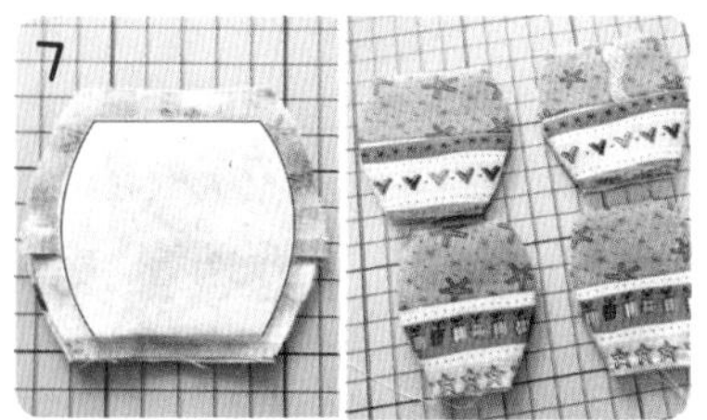
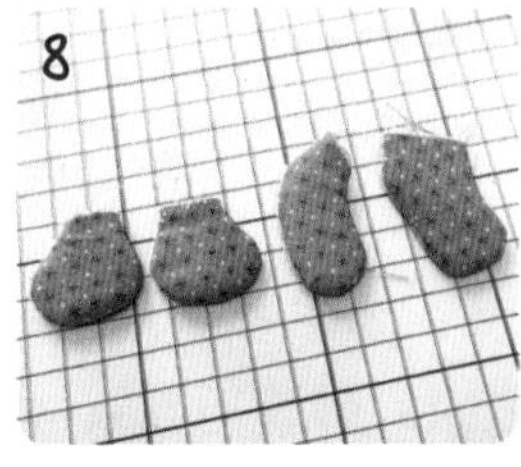

7. 身体表布和内里布正面相对，如图缝合三边，留下一边作为返口。从返口把身体布翻回正面。

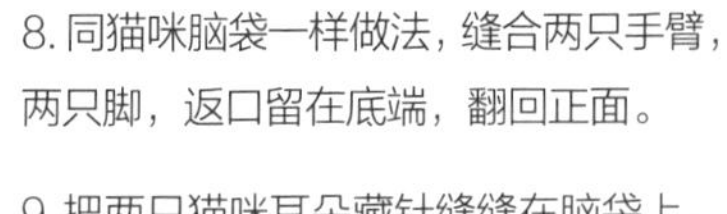
8. 同猫咪脑袋一样做法，缝合两只手臂，两只脚，返口留在底端，翻回正面。

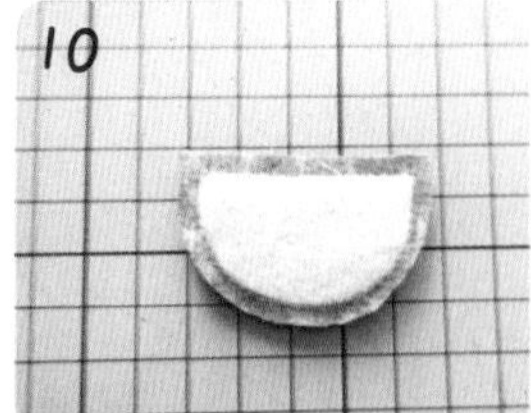

9. 把两只猫咪耳朵藏针缝缝在脑袋上，再把脑袋藏针缝缝在身体上，把两只手臂和两只脚疏缝在身体上相应位置。背面参考图。

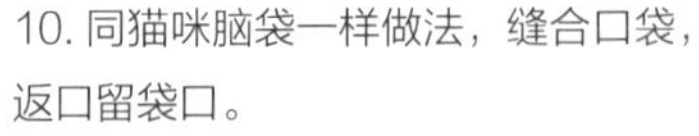
10. 同猫咪脑袋一样做法，缝合口袋，返口留袋口。

11. 口袋藏针缝在猫咪身体上。

12. 把猫咪身体四个面两两藏针缝，如图所示，缝合成桶状。

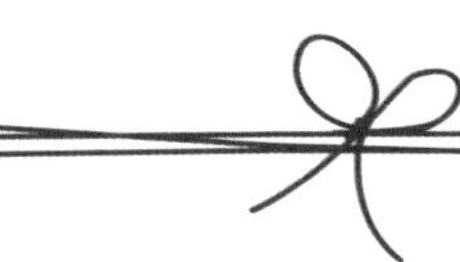
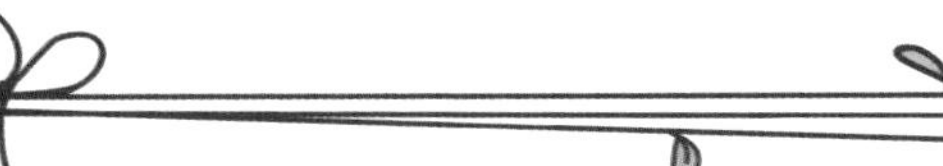

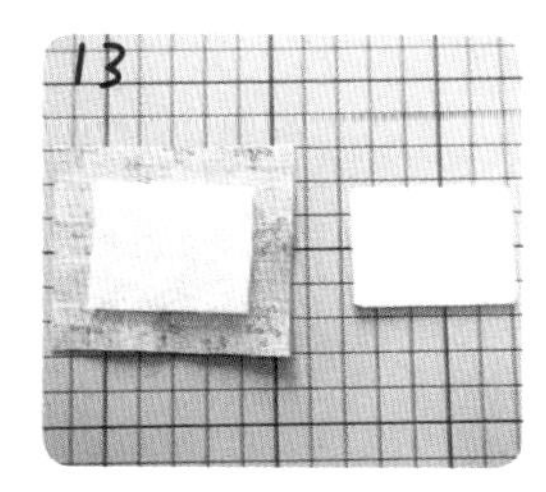

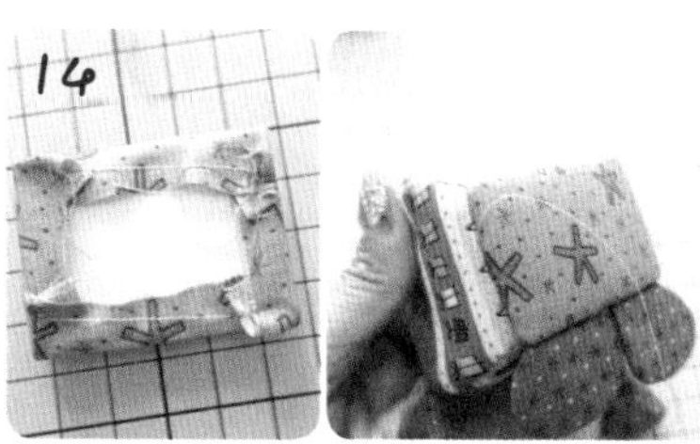

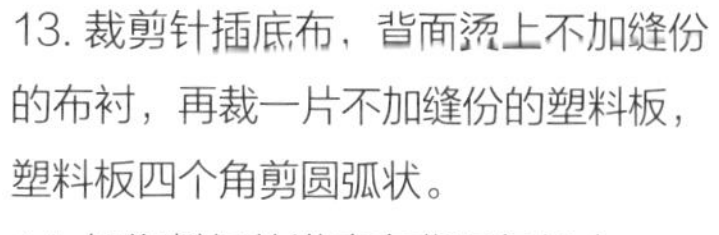

13. 裁剪针插底布，背面烫上不加缝份的布衬，再裁一片不加缝份的塑料板，塑料板四个角剪圆弧状。
14. 把塑料板放进底布背面包起来。藏针缝缝在桶状身体下方。

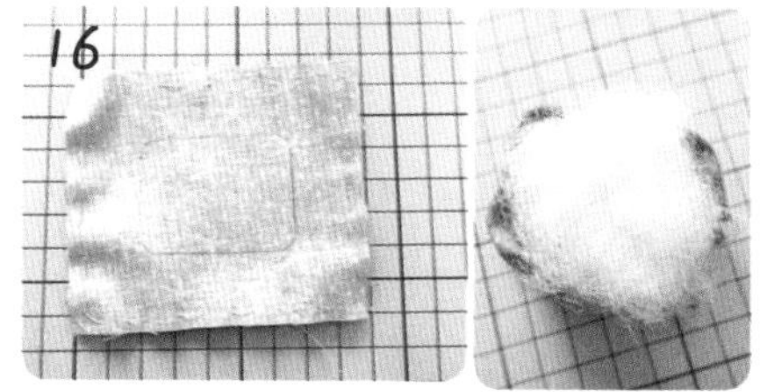

15. 往桶里倒入足量塑料米或者大米，高度比边缘浅 5mm 左右即可。
16. 裁剪针插面布，四周缝份留 2.5cm 左右，四周小疏缝一圈。往里塞适量棉花。

17. 裁剪一片不加缝份的塑料板，四个角剪圆弧状，放入布料背面挡住棉花，用布包起来。
18. 藏针缝缝在身体上沿四周。

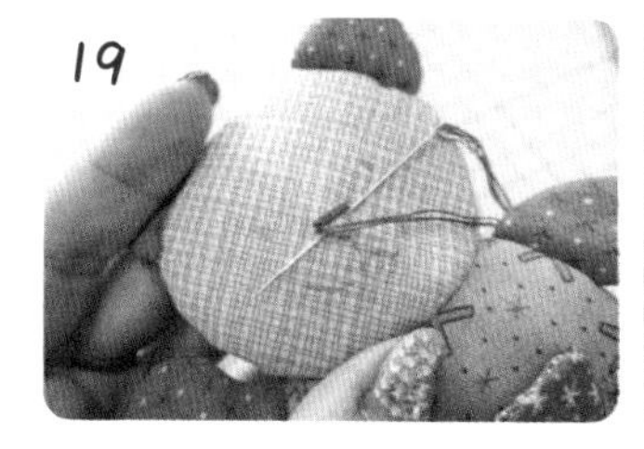

19. 猫咪脸部绣好鼻子嘴巴胡须，缝上眼珠。
20. 小猫针插完成。

20 小小世界工具包

材料：
拼布和贴布用布 15 色各适量、
内里布 22cm × 110cm、
包边条 1m、
20cm 拉链两条、
磁扣两对、
皮搭扣。

成品尺寸：长 20cm，宽 12cm，厚 4cm

小小的工具包里，好像藏着一整个纯真甜美的童话世界。

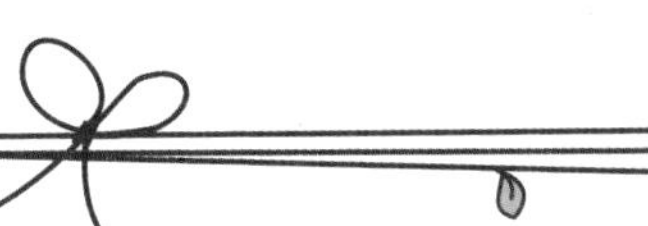

下述尺寸如无特别说明，拼接缝份另加 0.7cm。按照纸型上尺寸。

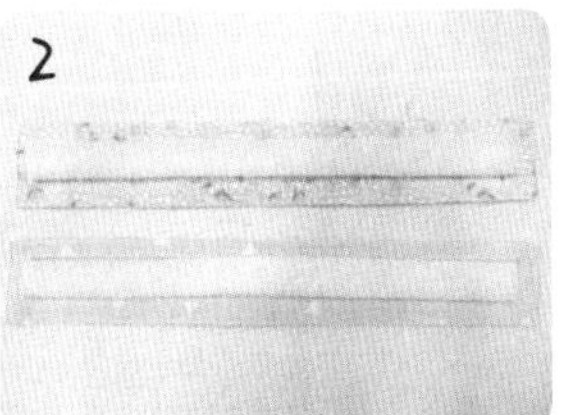

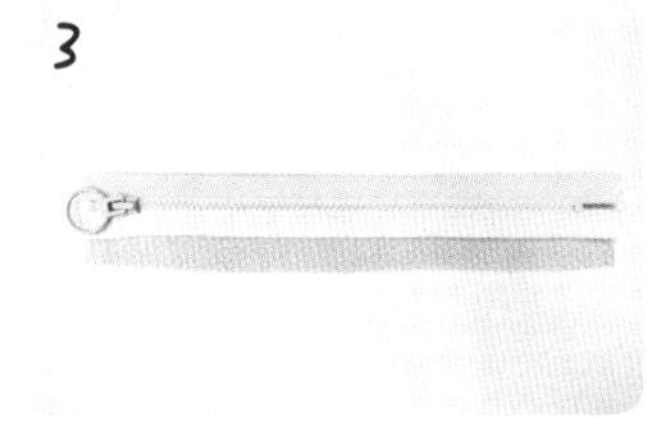

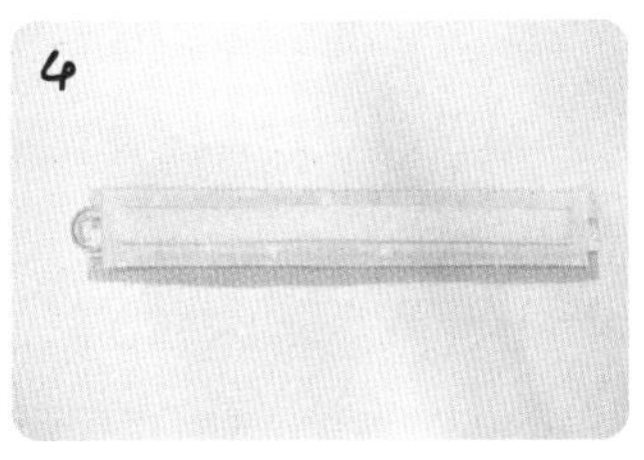

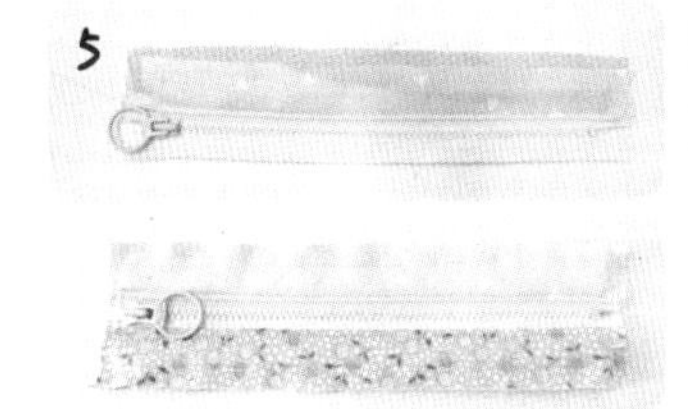

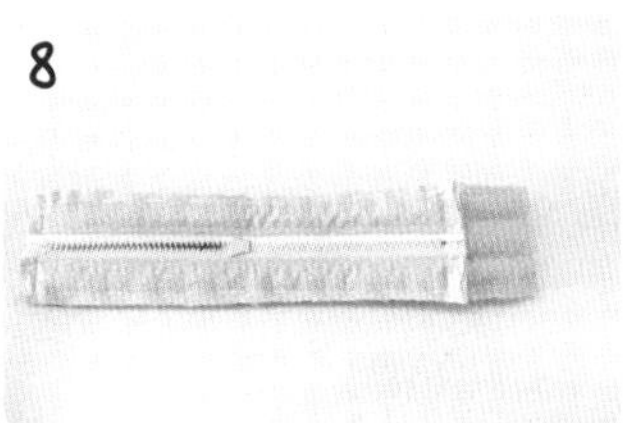

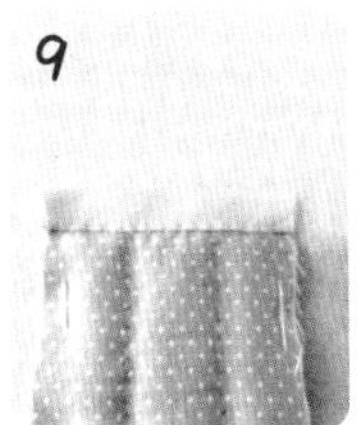

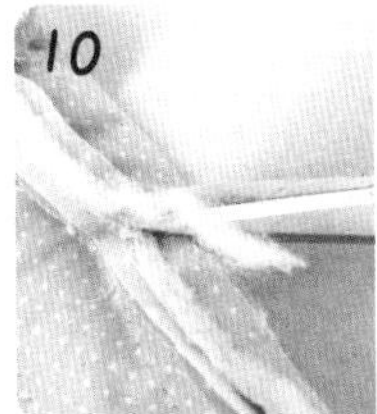

1. 裁剪相应布块，分别拼接内工具包表布前片和后片，中间夹铺棉，最下层为内里布（正面朝下），三层一起疏缝、压线。压线后再将四个角落修剪成圆弧状。
2. 裁剪两块 1.5cm × 20cm 的拉链表布，其中一长边留 1cm 缝份，其余三边留 0.7cm 缝份，裁两块单面带胶铺棉，尺寸 1.5cm × 20cm 无须另加缝份，烫在布料背面。

3. 裁剪两块比拉链表布略大的内里布，内里布正面朝上，拉链正面朝上叠在内里布上，上端边沿对齐。
4. 烫好铺棉的拉链布表布正面朝下，0.7cm 缝份的一侧叠在拉链布边沿对齐，沿红线车缝（或半回针）手缝缝合。

5. 翻回正面后再缝一道线把三层布固定住。另一侧拉链布做法相同。
6. 裁剪 32cm × 4cm 的单胶铺棉（不加缝份）和包侧表布（另加 0.7cm 缝份），铺棉烫在里布背面。

7. 烫好铺棉的表布叠在内里布（正面朝下）上，压两道平行线。
8. 拉链布和包侧布正面相对，缝合两短边。

9. 裸露的缝份用包边条包边。
10. 修剪掉缝线外多余的铺棉。将围成一圈的包侧布分别与前片、后片正面相对缝合在一起。

11. 裸露的缝份包边，内工具包完成。
12. 裁剪 24cm × 18cm 外表布，四周留 1cm 缝份，在表布正面用水消笔画好贴补图案。

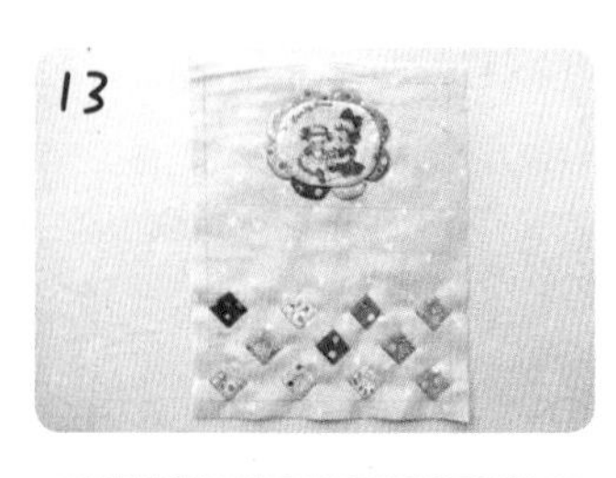

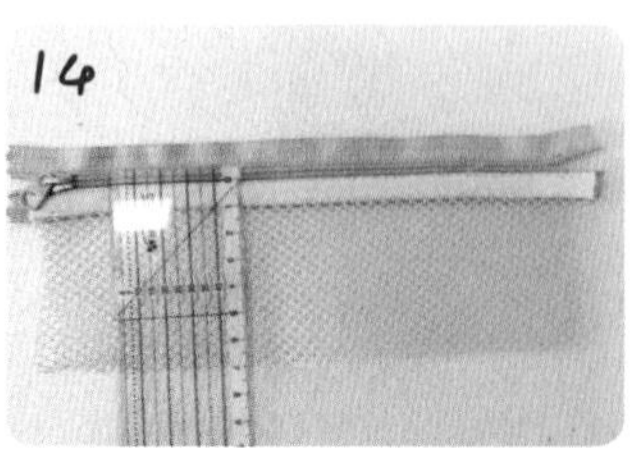

13. 按照纸型标注数字顺序完成全部贴布后，表布正面朝上，内里布正面朝下，中间夹铺棉，三层一起疏缝、压线。

14. 裁剪实际尺寸为 7cm × 20cm 的网络布，其中一长边包边，拉链正面朝上，一侧与包边缝合固定。

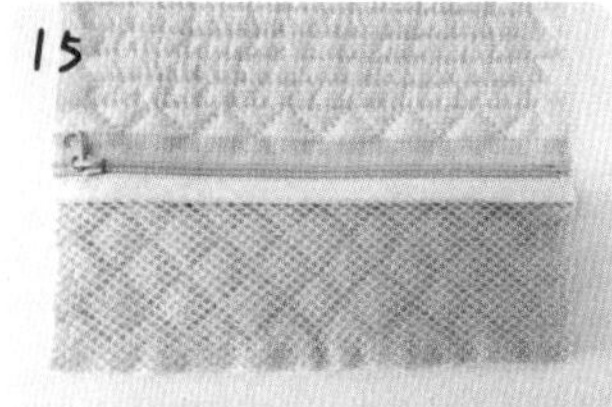

15. 网络布如图放置，另一边拉链布与内里布缝合，半回针缝，注意不要穿透外表布。

16. 缝上蕾丝花边遮盖住拉链布。

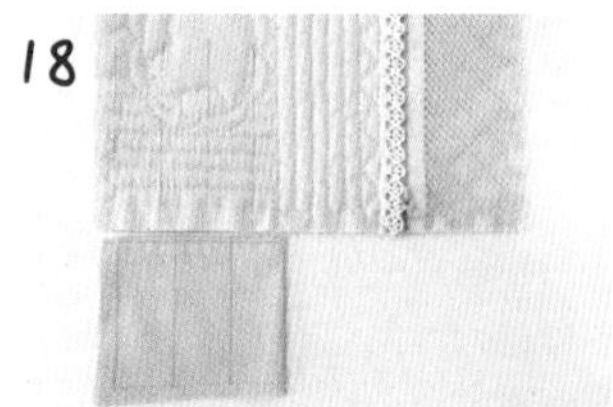

17. 裁剪 18cm × 18cm 的内里布（外加 1cm 缝份），正面相对折成 9cm × 8cm，如图缝合一侧。

18. 翻回正面后，画好间隔为 3cm 的平行线，在外表布的内里面相应位置画间隔为 2.5cm 的平行线。

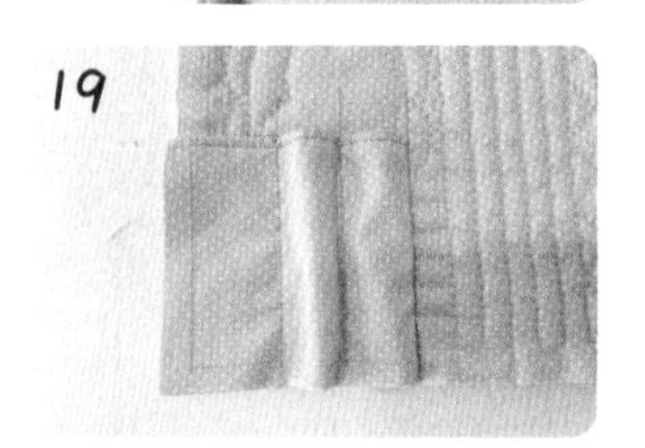

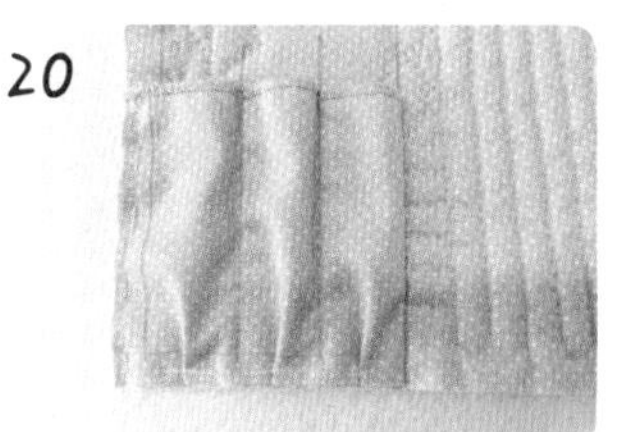

19. 让 3 条直线重叠，最右边藏针缝在内里面上，其余两条直线平针缝缝在内里面上，最左侧与外表布疏缝在一起，注意不要穿透外表布。

20. 底端多余的布料打褶后稍微疏缝固定在外表布上。

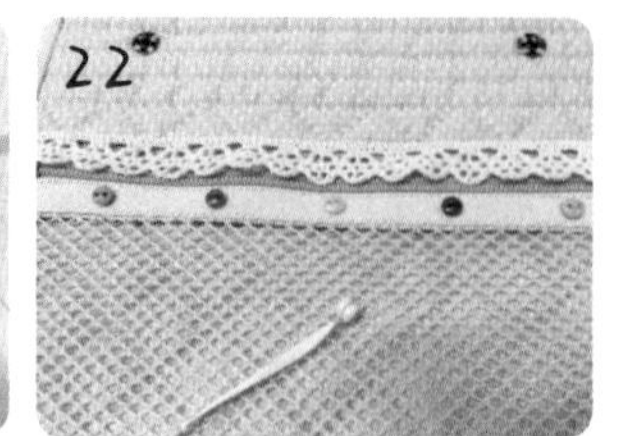

21. 外表布整圈包边，外表布的内里面中点缝上缎带和纽扣。

22. 网络拉链袋包边上缝上纽扣装饰，缎缎带尾端用两颗纽扣夹住固定。

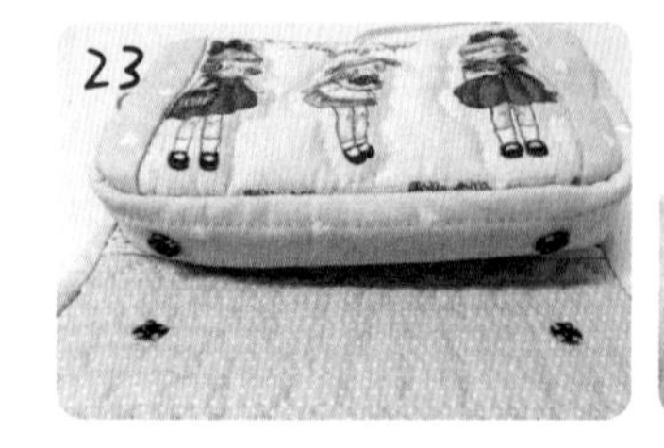

23. 内工具包底端缝上暗扣，外表布相应位置也缝上暗扣，暗扣间距离约 10cm。

24. 工具包完成。

21 花的嫁纱 PAD 包

材料：
拼布用布 12 色各适量、
贴布用布 10 色各适量、
内里布 20cm × 60cm、
包边条 40cm、
20cm 拉链一条、
蜡绳 70cm、
绣线适量。

成品尺寸：长 23cm，宽 17cm

菱形拼接与刺绣的结合，疏可跑马，密不透风，
充满了生活的节奏感。

步骤

下述尺寸如无特别说明，拼接缝份另加 0.7cm。

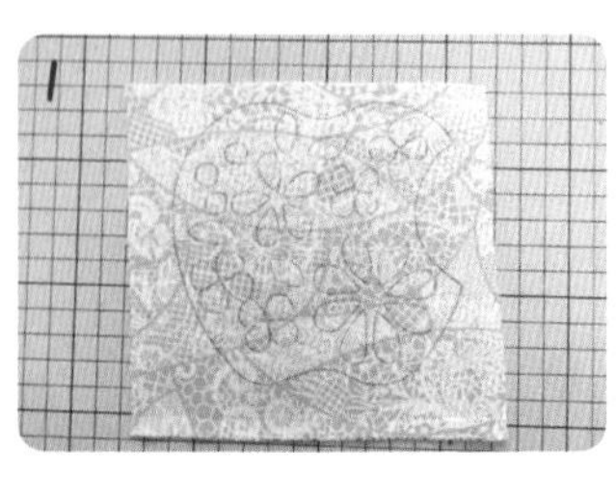

1. 在浅粉色布上用水消笔画出苹果轮廓和贴布图案。
2. 完成苹果内部的全部贴布布块。

3. 裁剪 18cm × 23cm 的粉色底布，把苹果布块贴布缝缝在底布中央，并贴布缝缝上苹果叶子，完成前片表布，用水消笔画好压线图案。
4. 按照纸型纸型，裁剪 30 片菱形布块，每排拼接 5 片布块，共 6 排（照片只显示 5 排）。

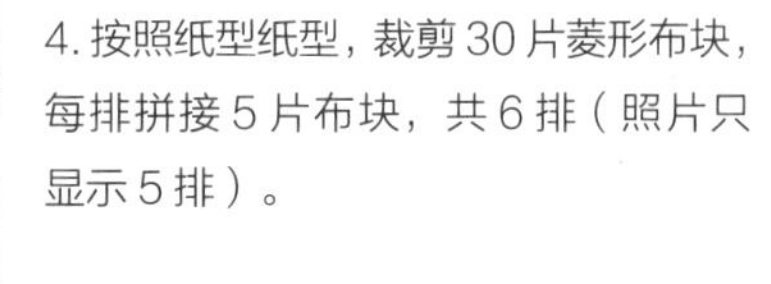

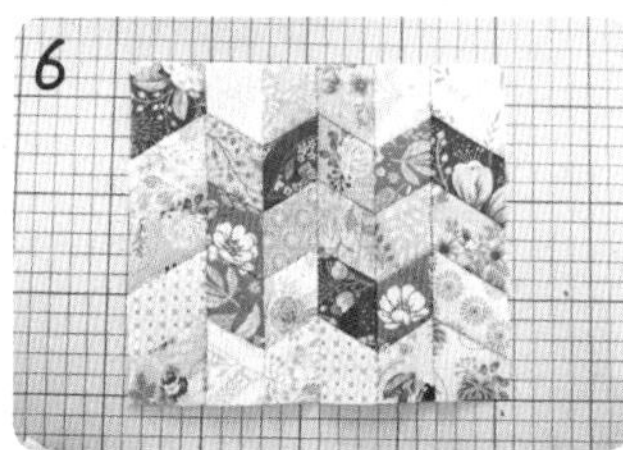

5. 拼接 6 排布条。
6. 修剪成 18cm × 15cm 的长方形布块。

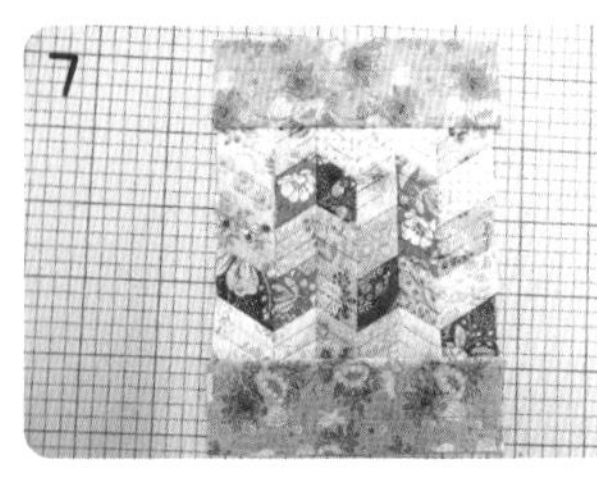

7. 裁剪两块 18cm × 4cm 的长方形粉色布块，与步骤 6 中的布块拼接，完成后片表布，用水消笔画好压线图案。
8. 表布、铺棉、胚布依次重叠，疏缝并压线，前片和后片都以相同方式处理。

9. 压线完成后，修剪掉多余的铺棉和胚布。
10. 前片和后片正面相对重叠，缝合包侧和包底。

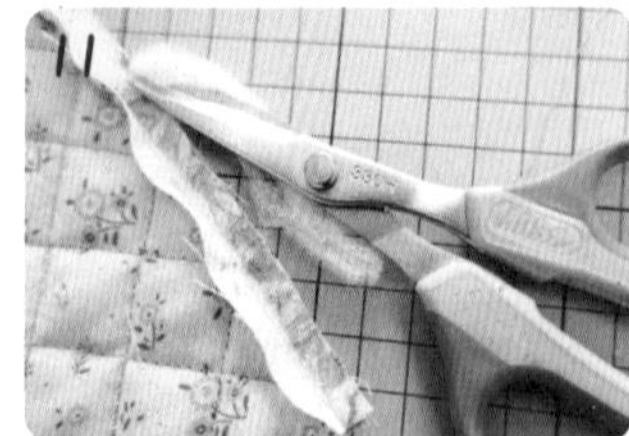

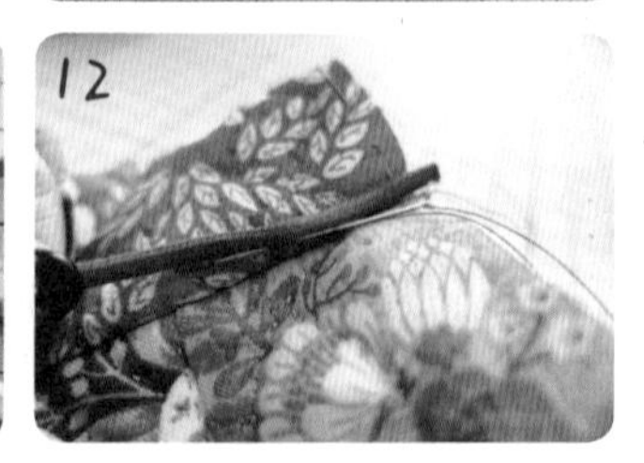

11. 修剪掉缝线外多余的铺棉。
12. 包包翻回正面，把蜡绳藏针缝缝于包侧，填补包侧凹陷的地方。

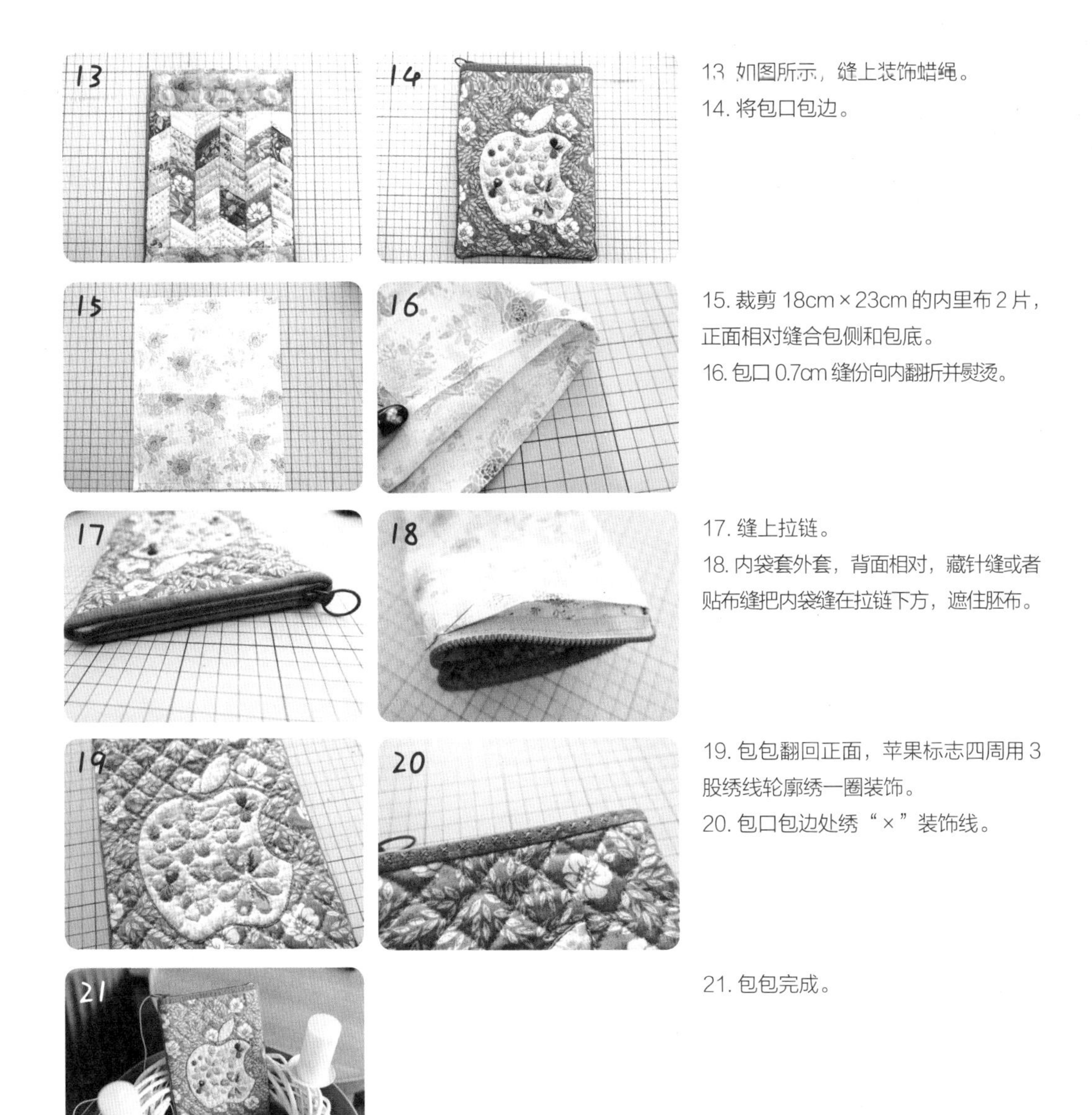

13. 如图所示，缝上装饰蜡绳。

14. 将包口包边。

15. 裁剪 18cm × 23cm 的内里布 2 片，正面相对缝合包侧和包底。

16. 包口 0.7cm 缝份向内翻折并熨烫。

17. 缝上拉链。

18. 内袋套外套，背面相对，藏针缝或者贴布缝把内袋缝在拉链下方，遮住胚布。

19. 包包翻回正面，苹果标志四周用 3 股绣线轮廓绣一圈装饰。

20. 包口包边处绣“×”装饰线。

21. 包包完成。

22

秘密花园本子皮

材料：
拼布用布 12 色适量、
贴布用布 8 色各适量、
胚布和内里布各 23cm × 50cm、
包边条 120cm、
A6 手账本壳、
眼珠、包扣、水兵带、皮搭扣等。

成品尺寸：长 20cm，宽 14cm，厚 4cm

带你在身边，一起去旅行，记下沿途的风景，
也记下看风景的心情。

注意：

1. 纸型尺寸为实物大小，除特殊文字说明外，拼接缝份另加 0.7cm，贴布缝份另加 0.3~0.5cm。
2. 每个人压线方式不同可能导致本子皮尺寸缩小，如果装不进活页本可用剪刀把活页本塑料板修小一点。
3. 绣线为 6 股绣线，请分股后按照个人喜好用 2~3 股绣线绣即可，绣法图附在教程的后面。

1. 裁剪 24 片正方形布块，正方形边长为 2.5cm，另留 0.7cm 缝份后剪下。
2. 正方形布块正面相对平针缝拼接。

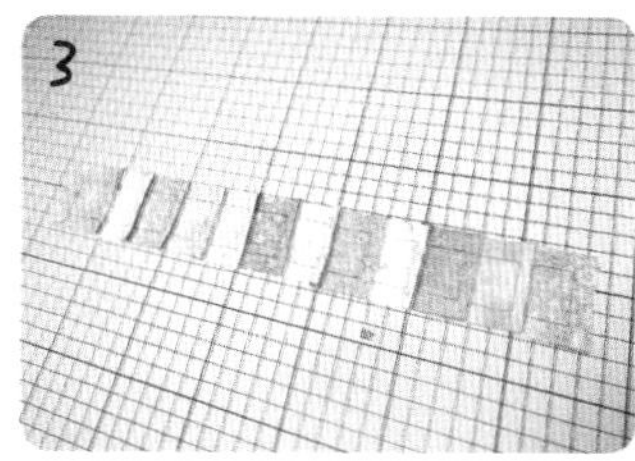

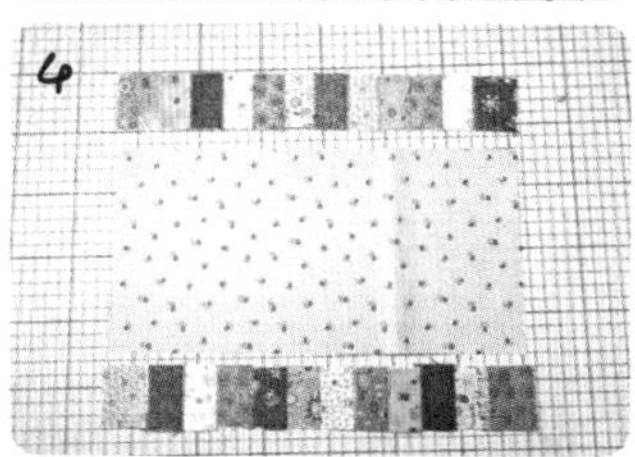

3. 拼接成如图所示的长条形。
4.24 片正方形布块拼接成上下两条布条，先不要修剪四周圆角。

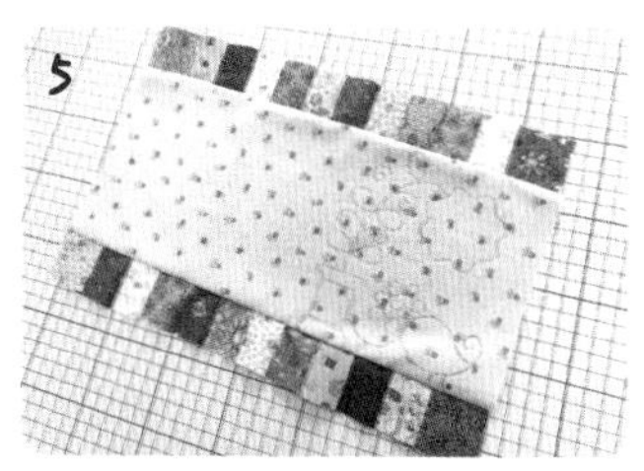

5. 两条布条与中间布块拼接后，在表布上用水消笔和水消复写纸画好贴布和刺绣图案。
6. 按照纸型标注的数字顺序，依次完成贴布工作。

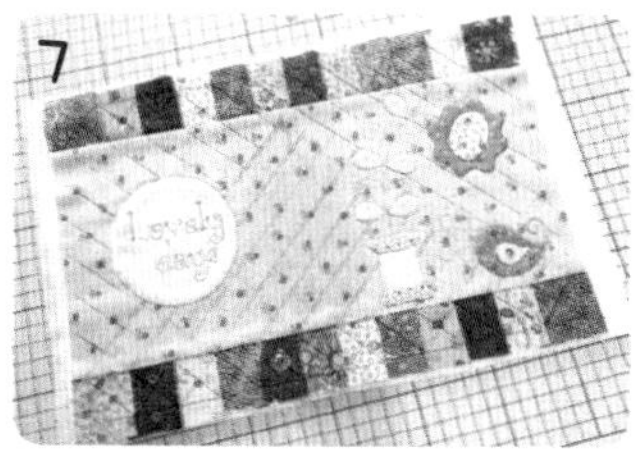

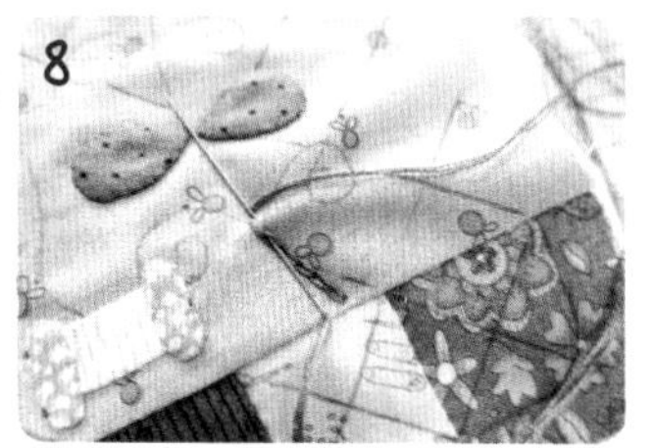

7. 在表布上画好压线线迹，按照表布（正面朝上）、铺棉（有胶面朝上）、胚布的顺序，叠放好，用熨斗把表布烫在铺棉上三层疏缝压线。
8. 先用绿色绣线绣好枝干的锁链绣。

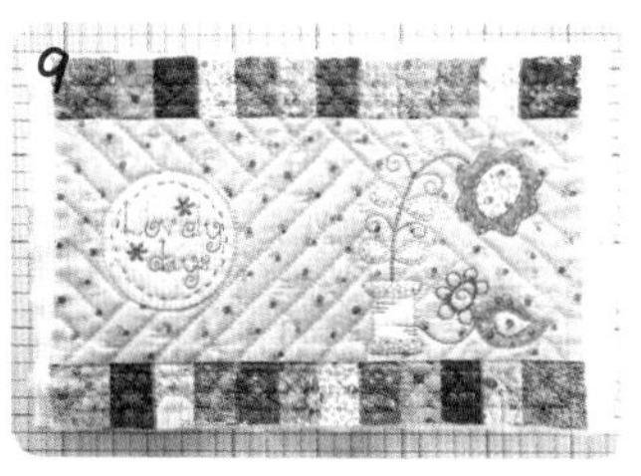

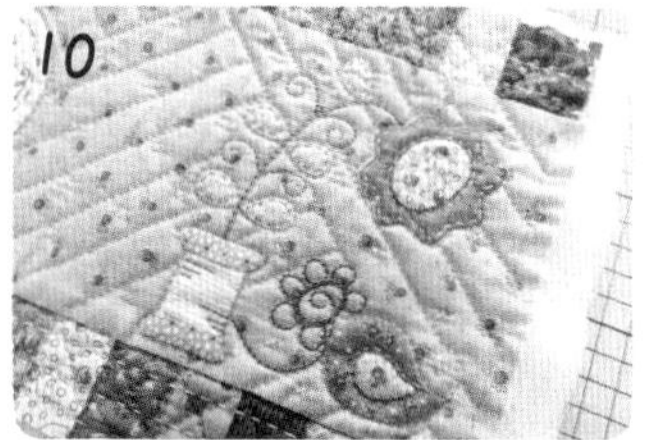

9. 完成压线和刺绣。
10. 绿色枝干和粉色花心是锁链绣，花朵其余线条是回针绣，其余装饰线为直线绣，表布上不均匀分布的绣上打籽。

11. 字母是回针绣，花朵是雏菊绣，花心缝米珠，圆形轮廓是直线绣。
12. 在圆形贴布布块四周缝上一圈蕾丝花边。

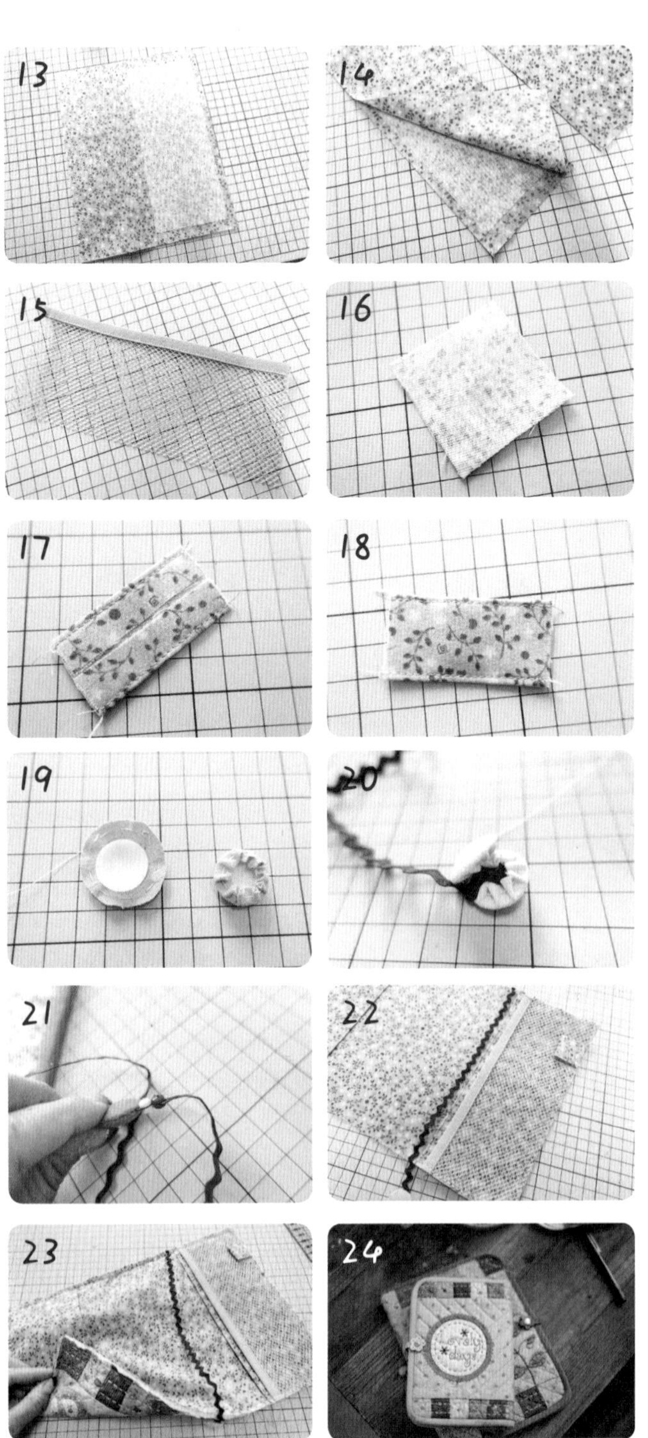

13. 裁剪 20cm×7cm（无须另留缝份）的薄布衬和 20cm×14cm（要另加缝份）的内里布各两片，如图把薄布衬烫在内里布背面。
14. 内里布对折熨烫。

15. 裁剪 6cm×20cm（要另加缝份）的网布，其中一边包边。
16. 裁剪 5cm×5cm 的薄布衬和内里布各一片（无须另留缝份）。

17. 如图熨烫后用平针缝或者车缝固定布边。
18. 这是做好的挂笔的布块。

19. 用塑料包扣在布上画圆，四周留缝份后剪下，平针缝一圈不断线，把包扣放进去后把线拉紧打结断线，做出两个布包扣。
20. 裁剪一条 25cm 左右的水兵带，夹进两个布包扣内，藏针缝把两个布包扣缝在一起。

21. 在水兵带上缝四颗塑料扣装饰。
22. 裁剪 20cm×30cm 的内里布，把步骤 14 中完成的两个布块放在内里布正面两侧疏缝固定，右侧放好后，再叠上网布和对折了的挂笔布后疏缝固定，在如图位置把水兵带书签疏缝固定。

23. 内里布与表布背面相对，叠在一起后四周疏缝固定，修剪四周圆角后包边。
24. 缝上花朵搭扣后，本子皮完工。

可爱的鸡小萌，走过树林花海，走过山川河流，去看看这个美丽的世界。

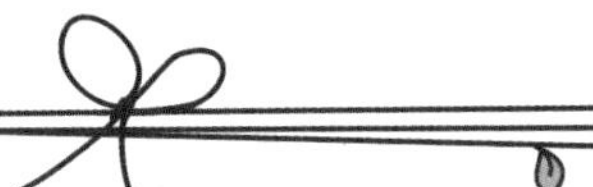

步骤

下述尺寸如无特别说明，拼接缝份另加 0.7cm。

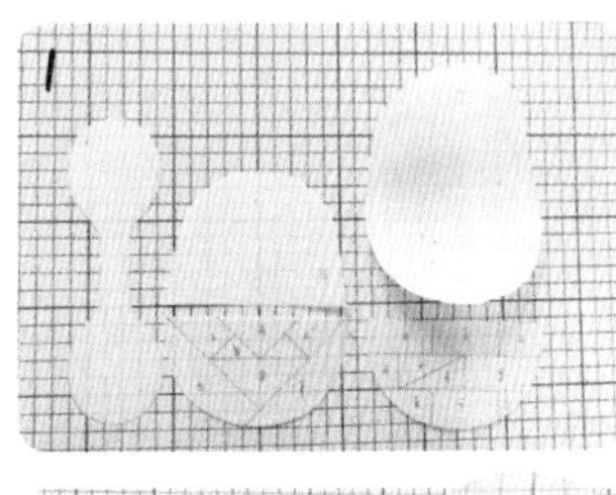
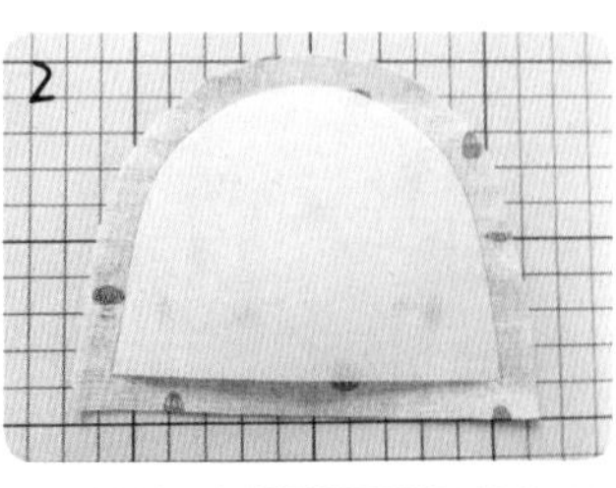

1. 根据纸型制作版型，版型上写好标注。

2. 型版正面朝下，用水消笔把型版轮廓画在布料背面，在轮廓线外留 0.7cm 缝份后剪下布料。

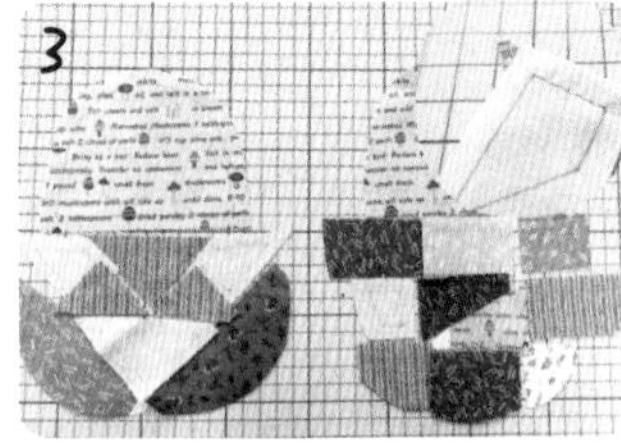
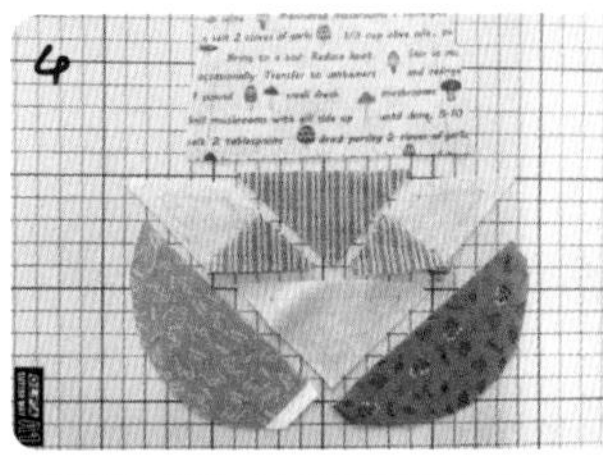

3. 把所有区块的布料裁剪好后，如图排好。拼接布料时，按照图示布料正面相对，平针缝合缝份线。

4. 前片表布拼接顺序为：先拼 B/C 和 B/C，再依次与 A/D/E/F/G 拼接。

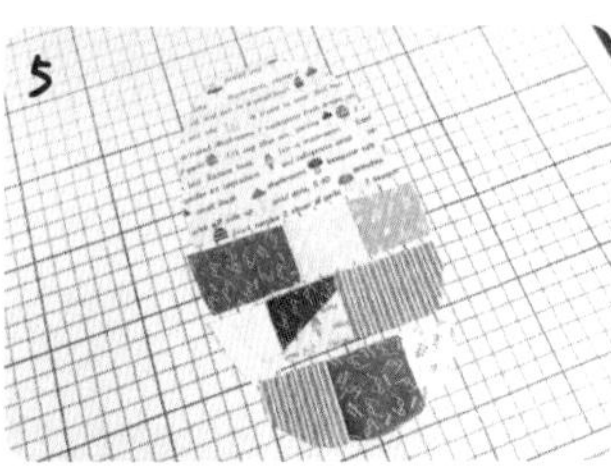

5. 后片表布拼接顺序为：a/b/c 拼一排，d/e/f/g 拼一排，h/i/j 拼一排，最后与 G 拼接。

6. 拼接好前片表布和后片表布，后片表布 b/c 之间用白色蕾丝线缝上水兵带。

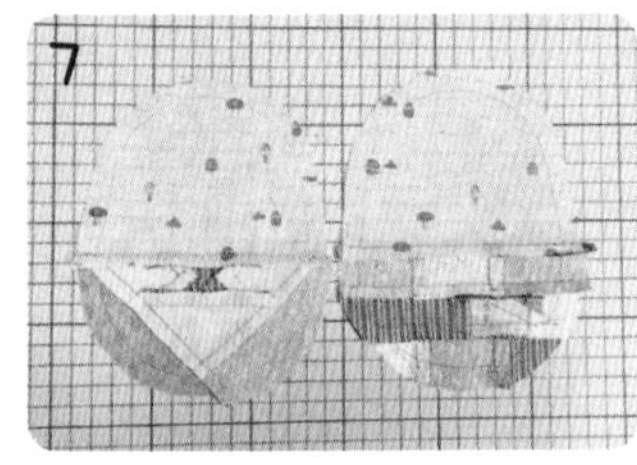
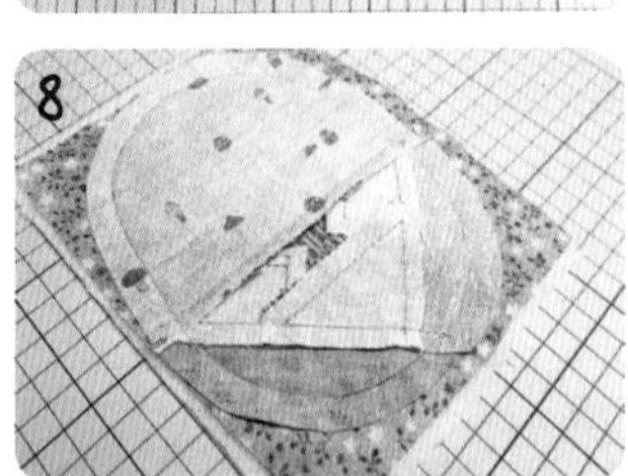

7. 表布背面缝份倒向如图。

8. 表布与内里布正面相对，叠在铺棉上，铺棉有胶的一面朝下，预留 3cm 左右返口不缝，缝合四周。

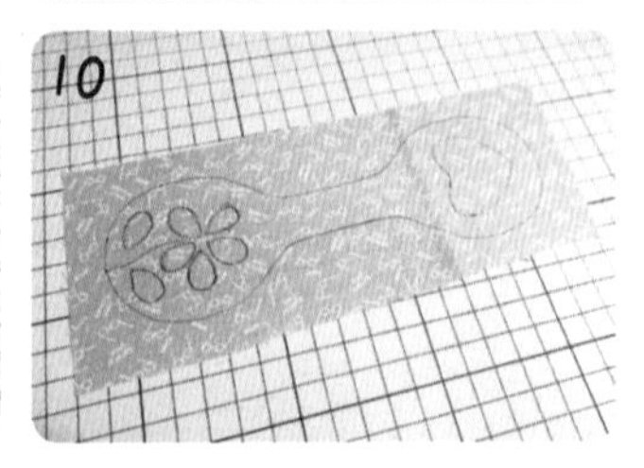

9. 修剪掉多余的内里布和缝线外的铺棉，从返口把布料翻回正面，熨斗烫平后，藏针缝缝合返口。

10. 制作耳机布：在布料正面画出耳机轮廓，用水消复写纸和水消笔画出贴布图案。

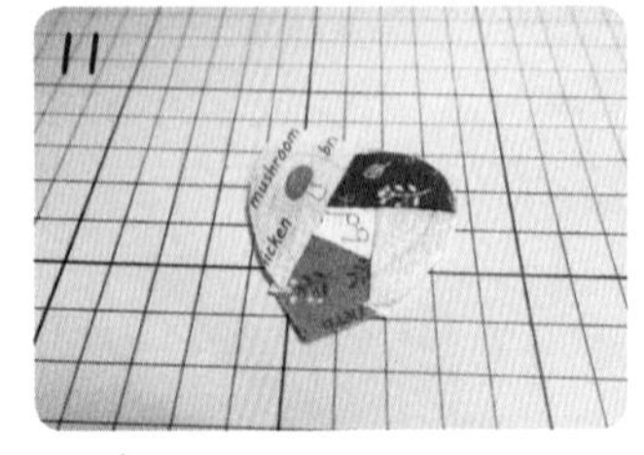
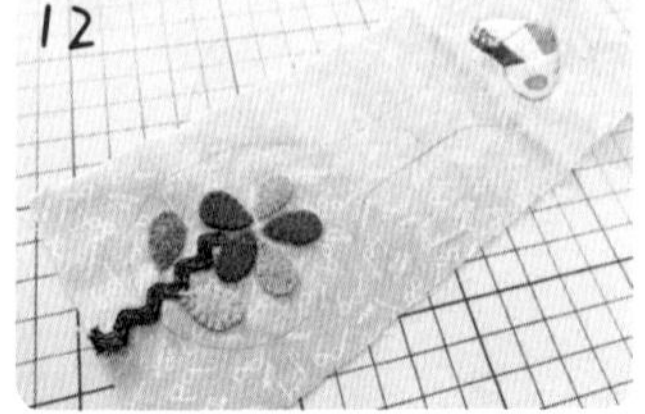

11. 依次拼接 8/9/10/11/12 布块，拼接成桃心形状布块，贴布缝在耳机布上。

12. 贴布缝好水兵带，花瓣布叶子布是羊毛布，按照实际版型裁剪即可，无须另留缝份，毛边绣针法贴缝在耳机布上。

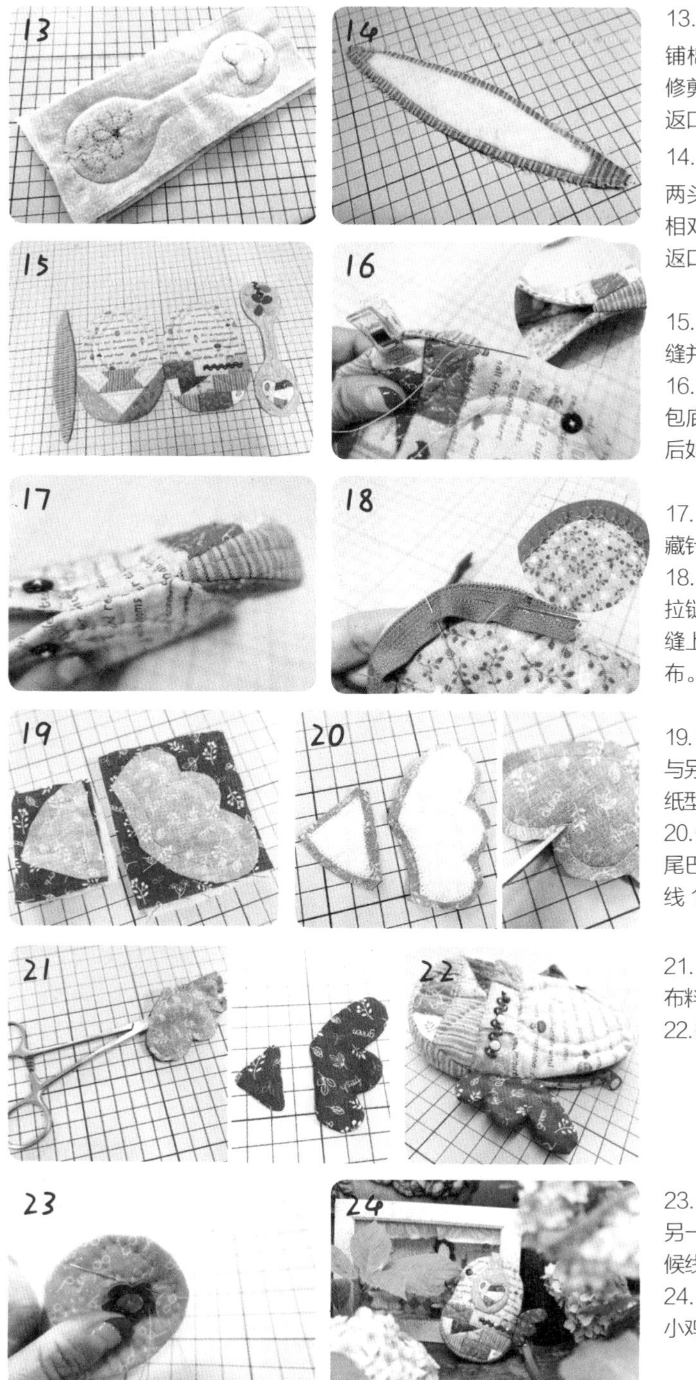

13. 耳机表布与背布，正面相对，叠在铺棉上，预留 3cm 返口后缝合四周。修剪掉多余的布料和缝线外的铺棉，从返口把布料翻回正面，藏针缝缝合返口。

14. 裁剪包底铺棉，烫在包底表布背面，两头剪掉 1cm 左右，再与内里布正面相对，预留 3cm 返口后缝合四周，从返口把布料翻回正面，藏针缝缝合返口。

15. 前片、后片、包底、耳机布分别疏缝并压线，缝上眼珠和装饰纽扣。

16. 在纸型标注的包底止点位置处，把包底分别与前、后片藏针缝缝合，缝好后如图所示。

17. 留出拉链起点到拉链止点位置不缝，藏针缝缝合前后片。

18. 翻到内里，在预留的拉链位置上，拉链齿与包口边沿对齐，藏针法把拉链缝上，注意线只穿透铺棉，不要透出表布。拉链布边沿用千鸟绣固定。

19. 把嘴巴、尾巴轮廓线画在布料背面，与另一片布料正面相对叠在铺棉上，根据纸型标注位置预留返口不缝，缝合四周。

20. 修剪掉多余的布料和缝线外的铺棉。尾巴凹处剪一刀牙口，牙口深度距离缝线 1mm。

21. 使用返口钳返口更便利。从返口把布料翻回正面后，藏针缝缝合返口。

22. 把嘴巴、尾巴藏针缝在纸型标注位置。

23. 耳机有桃心的一端贴布缝在后片，另一端缝上一对花朵磁扣，缝皮片的时候线只穿到铺棉。

24. 蜡绳穿好木珠后，挂在拉链头上，小鸡零钱包完工。

纸型尺寸为实物大小，除特殊文字说明外，拼接缝份另加 0.7cm，贴布缝份另加 0.3~0.5cm。为了避免拼接时的缝份缺损，包包外圈的所有缝份建议预留 1cm。教程中包包颜色与材料包颜色不同，但不影响制作。

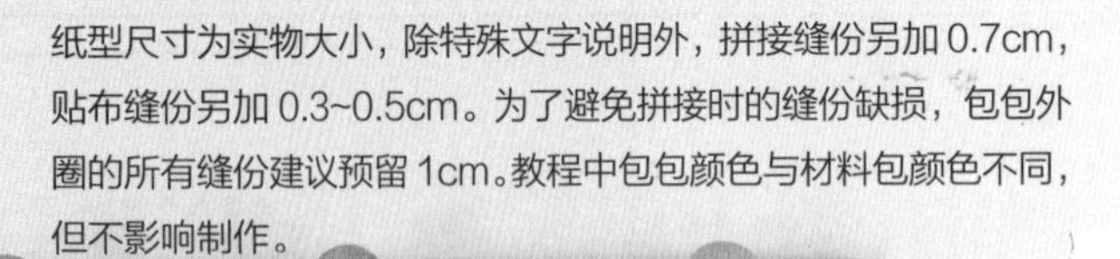

材料：
拼布和贴布用布 18 色各适量、
内里布 17cm × 30cm、
胚布和内里布各 23cm × 50cm、
15cm 拉链一条、
皮手腕一条，眼珠，装饰扣等。

24 鸡小萌的旅行单肩包

成品尺寸：长 32cm，宽 17cm，厚 10cm

配色颇具若山老师的风格，生动的小鸡啄米图案让大人也能找回童真的趣味。

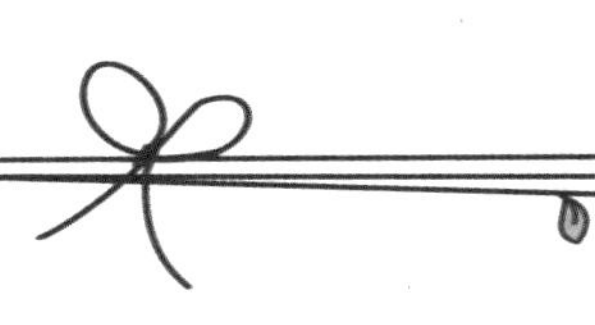

步骤

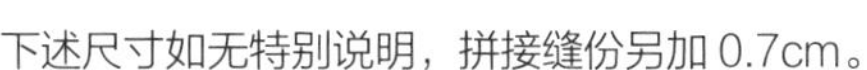

下述尺寸如无特别说明，拼接缝份另加 0.7cm。

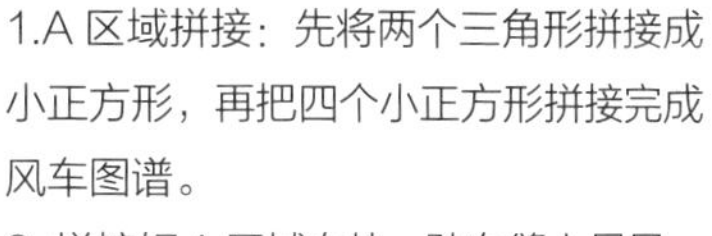

1.A 区域拼接：先将两个三角形拼接成小正方形，再把四个小正方形拼接完成风车图谱。

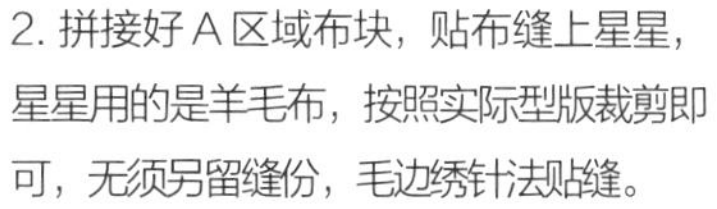

2. 拼接好 A 区域布块，贴布缝上星星，星星用的是羊毛布，按照实际型版裁剪即可，无须另留缝份，毛边绣针法贴缝。

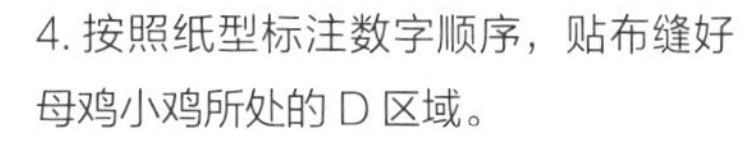

3. 按照纸型标注拼接顺序，拼接 B 区域的房子和 C 区域的祖母花园花朵。

4. 按照纸型标注数字顺序，贴布缝好母鸡小鸡所处的 D 区域。

5. 其余区域裁剪好或者拼接好之后，组合拼接成前片表布，在 F 区域布料上缝上水兵带装饰。

6. 背面缝份倒向如图。

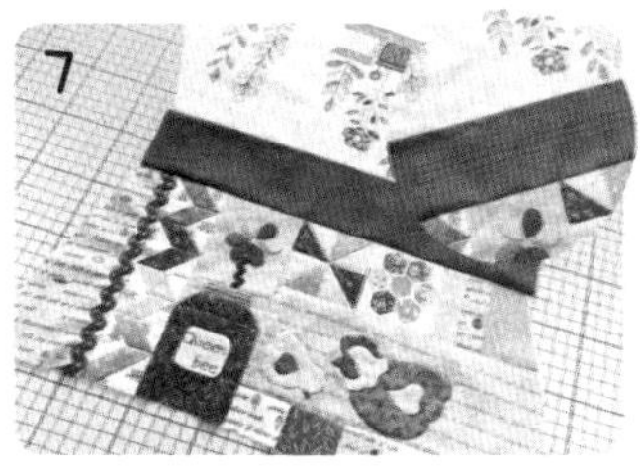

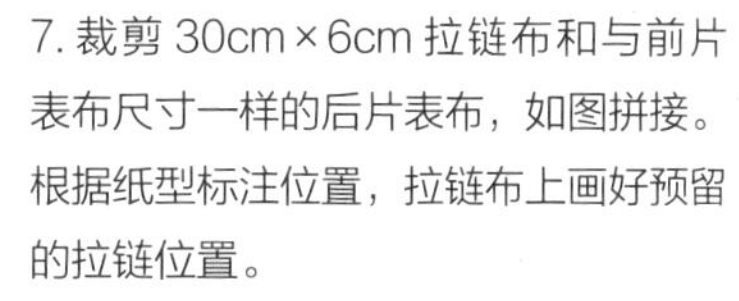

7. 裁剪 30cm × 6cm 拉链布和与前片表布尺寸一样的后片表布，如图拼接。根据纸型标注位置，拉链布上画好预留的拉链位置。

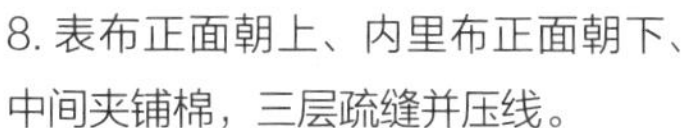

8. 表布正面朝上、内里布正面朝下、中间夹铺棉，三层疏缝并压线。

9 后片压线线迹自由发挥，可先压出图案外轮廓，再压竖条纹。

10. 完成表布压线后，裁剪出拉链里布，背面画好拉链位置，与拉链布正面相对，注意两处的拉链位置要对好。

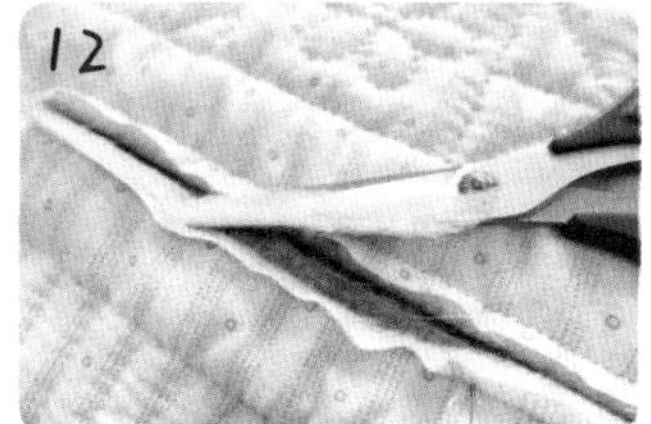

11. 沿拉链位置的轮廓线车缝（或回针缝）缝合一圈，水消笔画出拉链位置中线。

12. 沿中线剪开全部布料，靠近拉链两端圆弧部分多剪两道牙口。仔细修剪掉缝线外多余的铺棉。

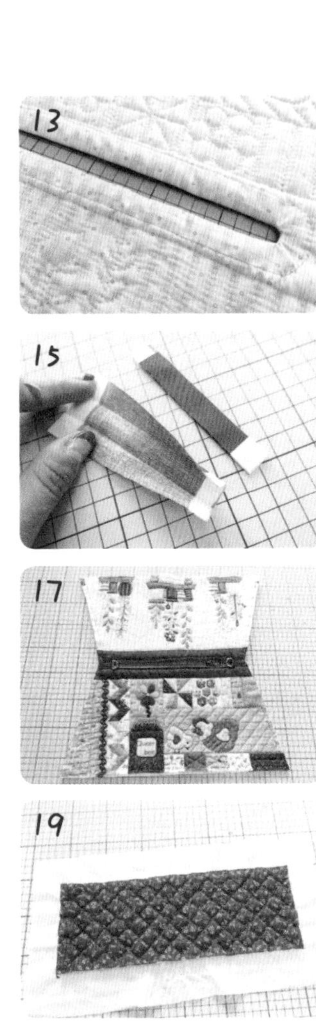

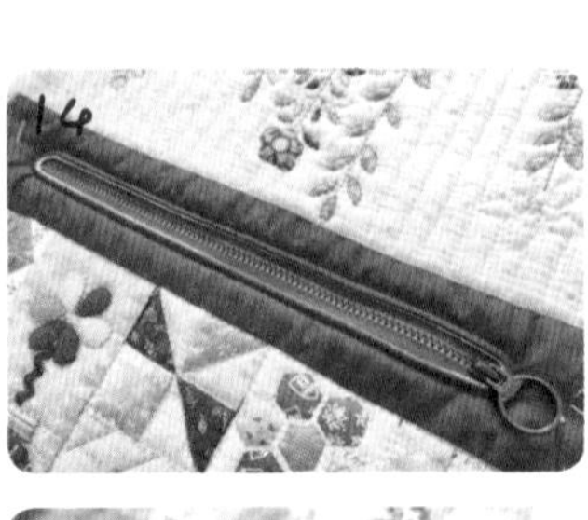

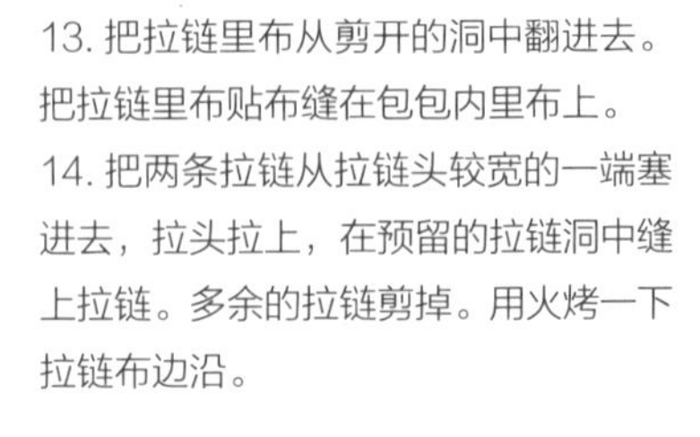

13. 把拉链里布从剪开的洞中翻进去。把拉链里布贴布缝在包包内里布上。
14. 把两条拉链从拉链头较宽的一端塞进去，拉头拉上，在预留的拉链洞中缝上拉链。多余的拉链剪掉。用火烤一下拉链布边沿。

15. 裁剪两条宽度为 4cm 的布条，熨烫成三折，制作出两条挂耳布。
16. 挂耳布穿好 D 型环，回针缝固定在包口两侧。包口两端都固定好挂耳布和 D 型环。

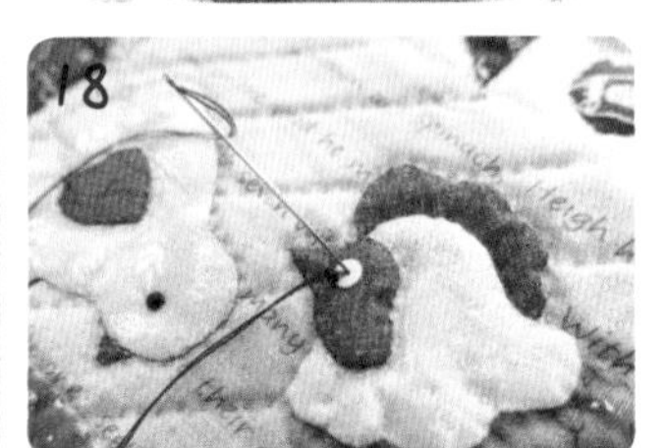

17. 把多余的铺棉和布料修剪整齐，缝上装饰扣、眼珠、绣线等。
18. 母鸡眼珠缝法如图，线从亮片中心穿出，再穿一颗米珠，最后从亮片中心再穿入即可。

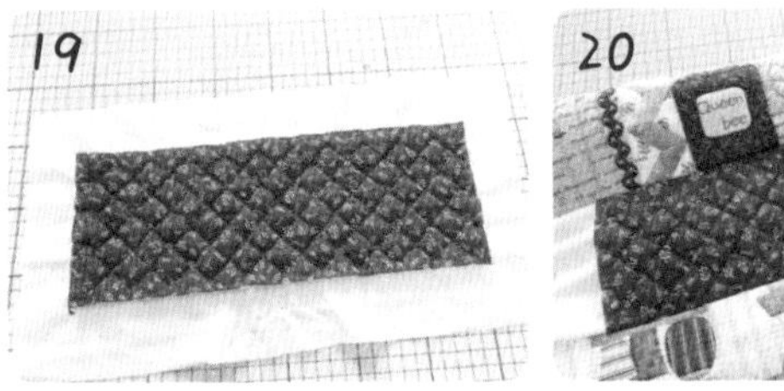

19. 裁剪 30cm × 10cm 的包底表布，内里布要比包底表布尺寸大 3cm，中间夹铺棉后，三层疏缝并压线，压线线迹为边长 2cm 的正方形。
20. 包底布与前后片表布正面相对，中点对齐，缝合两长边。

21. 修剪掉缝线外多余的铺棉，用预留的内里布把缝份包边。
22. 前片与后片背面相对，车缝或者回针缝缝合包侧，修剪掉多余的铺棉，用包边条包边。

23. 包边条两端要比包侧多出 1cm 左右，包侧上端多出的包边条如图翻折包住缝份。
24. 如图翻折。

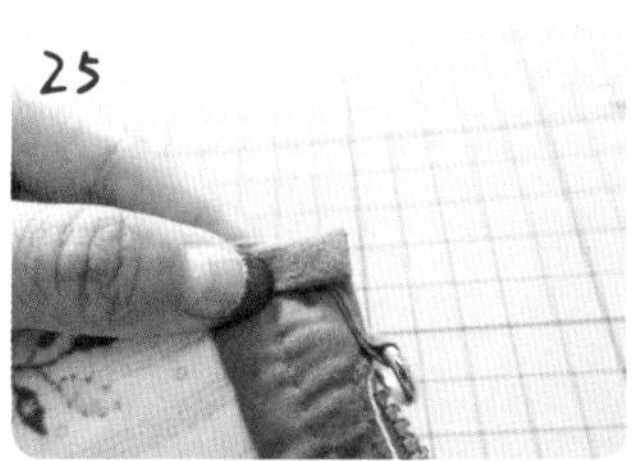

25. 包边条全部包好缝份。
26. 贴布缝缝好包边条。

27. 包底抓底接合，用包边条或者内里布包边。
28. 蜡绳穿好木珠后，挂在拉链头上，裁剪 28cm × 9cm 的塑料底板，放在包底处，包包完成。

25 梦想华尔兹双肩包

材料：
拼布用布 10 色各适量、
内里布 100cm × 110cm、
30cm 拉链两条、
皮把手一组。

成品尺寸：长 34cm，宽 30cm，厚 12cm

温柔和谐的配色，容量大又好收纳，最适合喜爱森系风格的你。

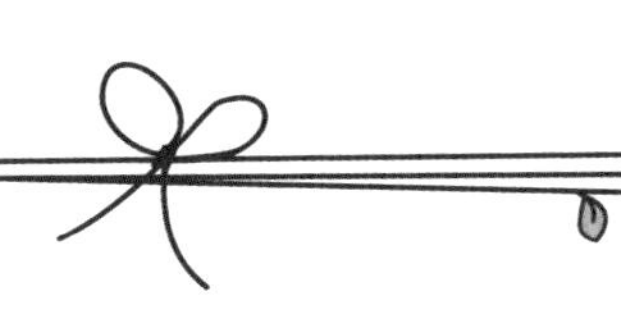

步骤

下述尺寸如无特别说明，拼接缝份另加 0.7cm。

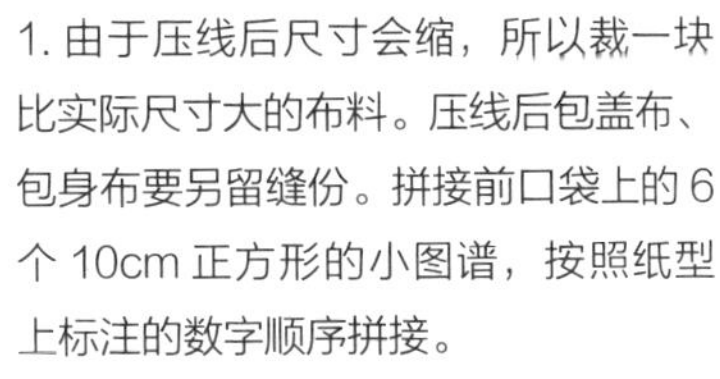

1. 由于压线后尺寸会缩，所以裁一块比实际尺寸大的布料。压线后包盖布、包身布要另留缝份。拼接前口袋上的 6 个 10cm 正方形的小图谱，按照纸型上标注的数字顺序拼接。

2. 先拼接出 A 区块和 B 区块。

3. 再拼接出 C 区块。

4. 将 ABC 三个区块拼接，完成一个小图谱，背面缝份倒向如图。

5. 把 6 个小图谱拼接成前口袋表布。

6. 背面缝份倒向如图。

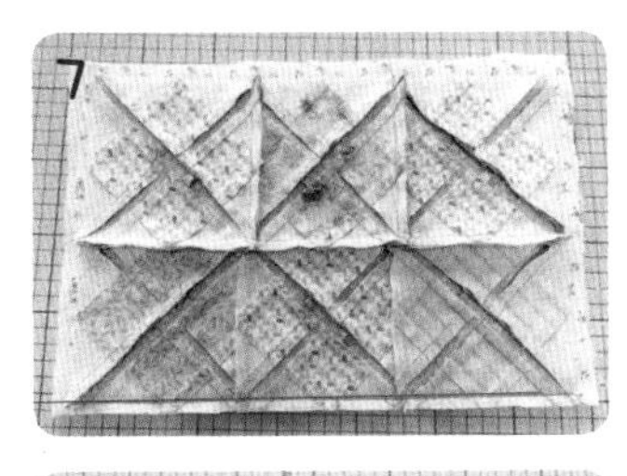

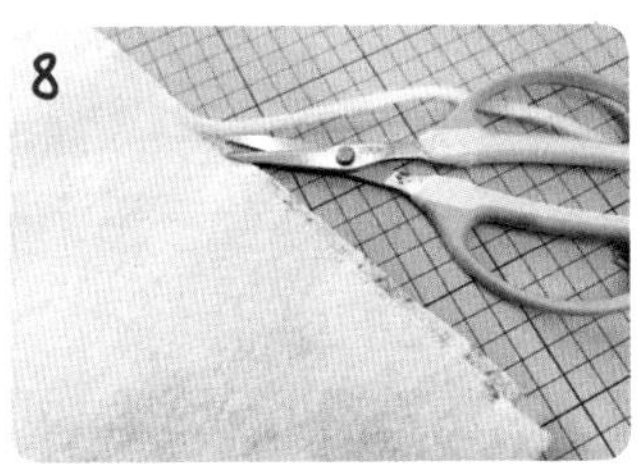

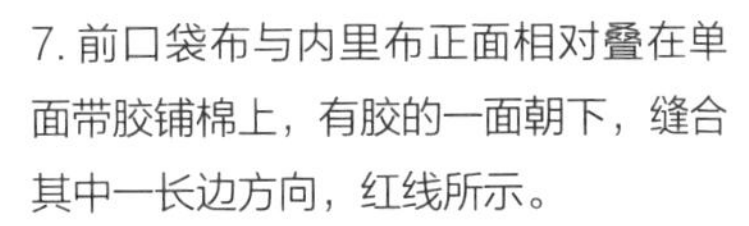

7. 前口袋布与内里布正面相对叠在单面带胶铺棉上，有胶的一面朝下，缝合其中一长边方向，红线所示。

8. 修剪掉缝线外多余的铺棉。

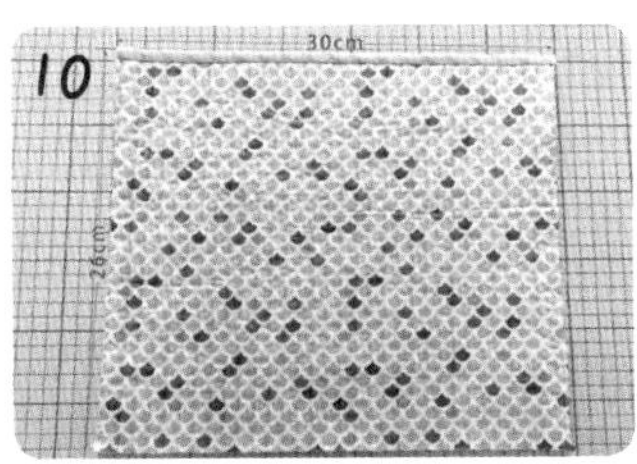

9. 翻回正面后，压线并且包边，只需要包袋口部分。

10. 裁剪 30cm×35cm 的包盖布，包盖布与内里布中间夹铺棉后疏缝并压线，压 1cm 间隔的平行线，再把包盖布修剪成 26cm×30cm，对其中一布边进行包边。

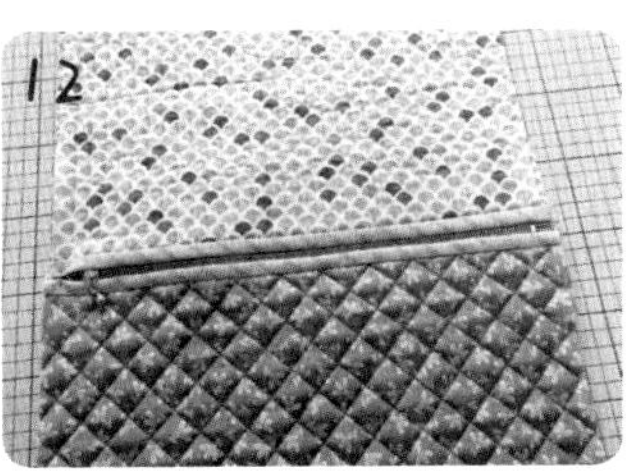

11. 裁剪 85cm×35cm 的包身布，包身布与内里布中间夹铺棉后疏缝并压线，样品上压的是 2cm 边长的正方形格子，压线后再把包身布修剪成 80cm×30cm 的尺寸，对其中一布边进行包边。

12. 包边处中间缝进一条拉链。

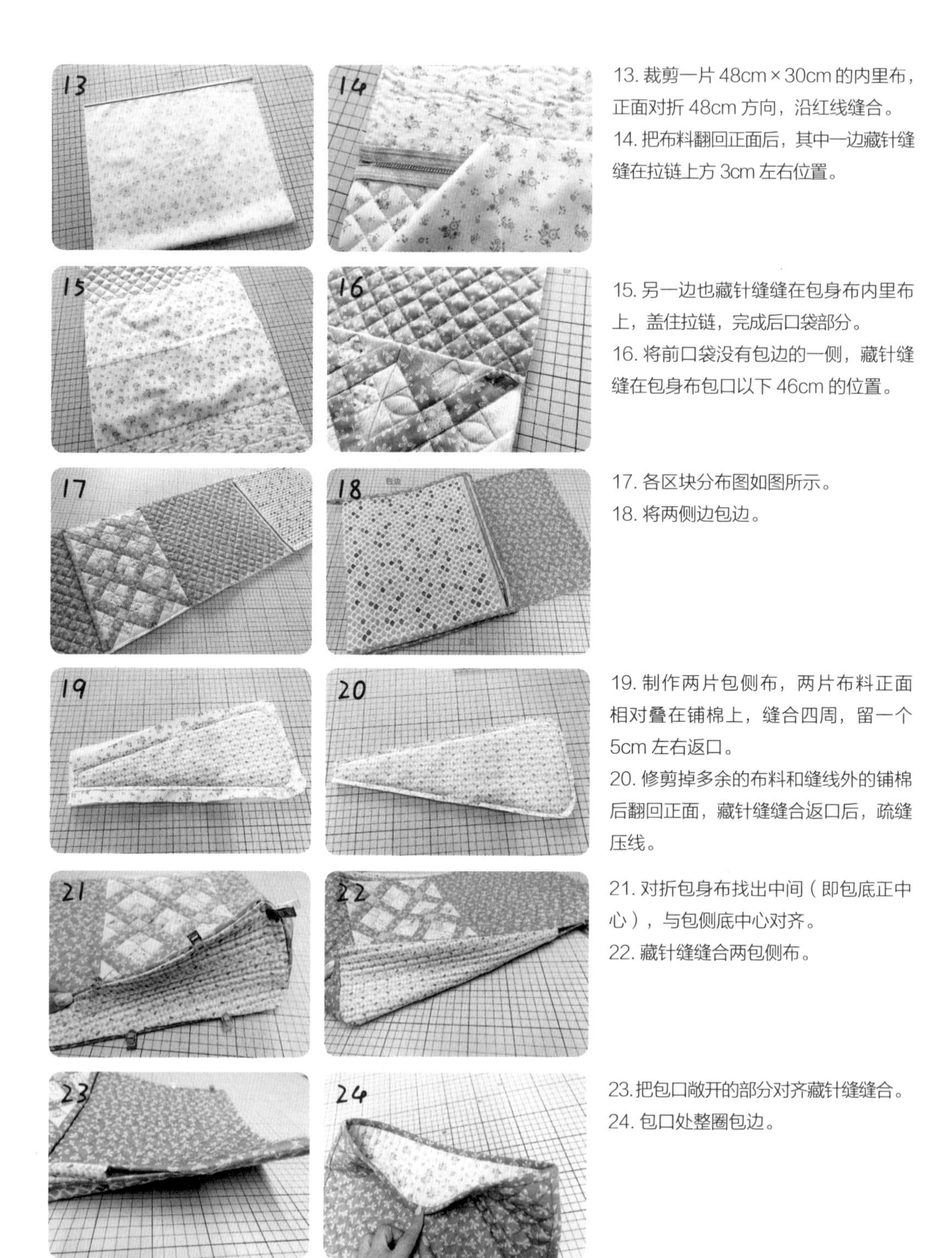

13. 裁剪一片 48cm × 30cm 的内里布，正面对折 48cm 方向，沿红线缝合。

14. 把布料翻回正面后，其中一边藏针缝缝在拉链上方 3cm 左右位置。

15. 另一边也藏针缝缝在包身布内里布上，盖住拉链，完成后口袋部分。

16. 将前口袋没有包边的一侧，藏针缝缝在包身布包口以下 46cm 的位置。

17. 各区块分布图如图所示。

18. 将两侧边包边。

19. 制作两片包侧布，两片布料正面相对叠在铺棉上，缝合四周，留一个 5cm 左右返口。

20. 修剪掉多余的布料和缝线外的铺棉后翻回正面，藏针缝缝合返口后，疏缝压线。

21. 对折包身布找出中间（即包底正中心），与包侧底中心对齐。

22. 藏针缝缝合两包侧布。

23. 把包口敞开的部分对齐藏针缝缝合。

24. 包口处整圈包边。

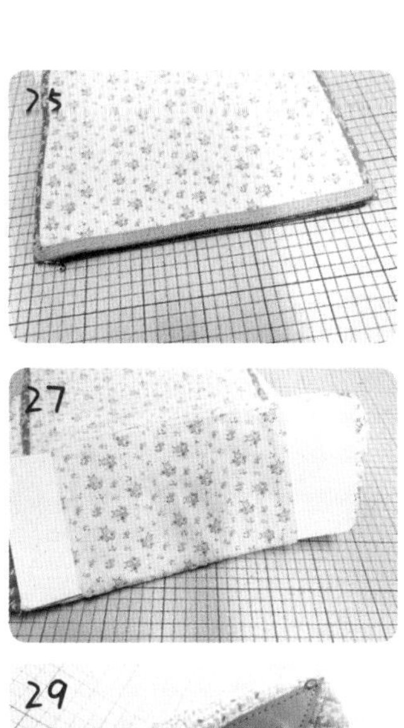

25. 缝上拉链。
26. 裁剪26cm×20cm的包底板布，正面相对对折26cm方向，留返口后缝合四周。

27. 翻回正面后藏针缝缝合返口，把包底板布两长边藏针缝缝在包底内里面，裁剪净尺寸为12cm×30cm的包底板，塞入包底板布固定。
28. 前口袋缝上皮搭扣。

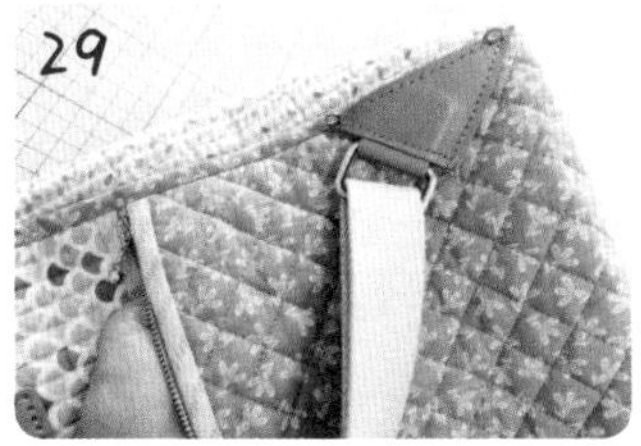
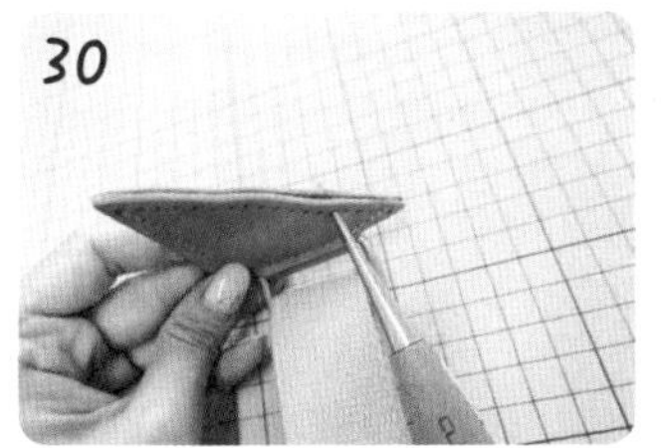

29. 三角形皮片缝在靠近包底包边处，此时记得把后口袋拉链拉开，把手伸进口袋里缝皮片。
30. 三角形皮片的洞眼可能会有点错位导致不太好过针，请缝到包身之前用锥子把所有洞眼戳大一点，这样过针就会特别容易。

31. 皮件缝合位置如图。
32. 包包完成。

注意：

1. 纸型尺寸为实物大小，除特殊文字说明外，拼接缝份另加0.7cm，贴布缝份另加0.3~0.5cm。
2. 包包压线工程量不小，用手缝压线包包比较柔软，用机缝压线包包会比较硬挺，可按个人喜欢的方式压线。
3. 为防止布料不够，请按照纸型所示的布局方法裁剪内里布。

26

十里桃花斜挎包

材料：
拼布用布 9 色各适量、
贴布用布 15 色各适量、
内里布 35cm × 110cm、
25cm 拉链一条、
蜡绳 80cm、
皮把手一组。

成品尺寸：长 38cm，宽 20cm，厚 12cm

菱形拼布将不同色彩完美组合，百看不厌，将花朵悄悄背在身上。

步骤

下述尺寸如无特别说明，拼接缝份另加 0.7cm。

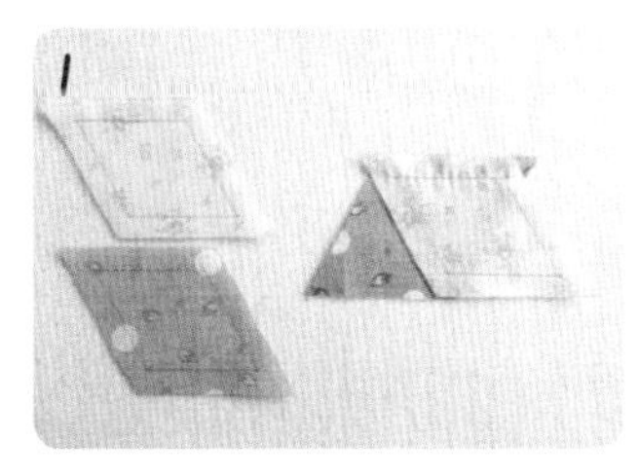

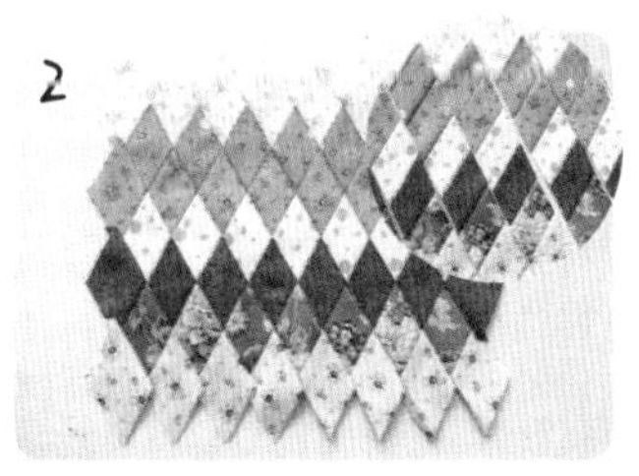

1. 按照纸型纸型画好全部菱形布块，如图所示方式拼接。
2. 拼接成斜向的布条共 11 条，再拼接布条。拼成如图的前片表布。

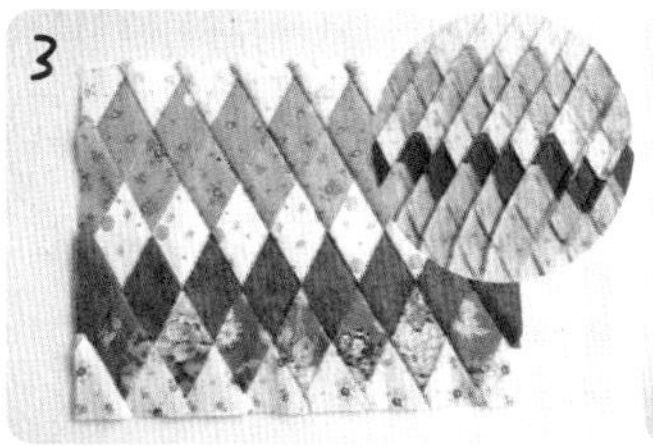

3. 背面缝份倒向如图所示。将前片表布裁剪成纸型尺寸的长方形，记得预留缝份。
4. 裁剪 28cm × 21cm 后片底布，用水消复写纸和水消笔在底布上画出贴布图案。

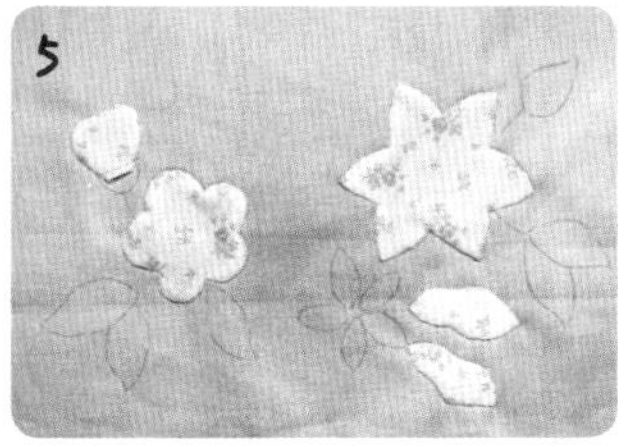

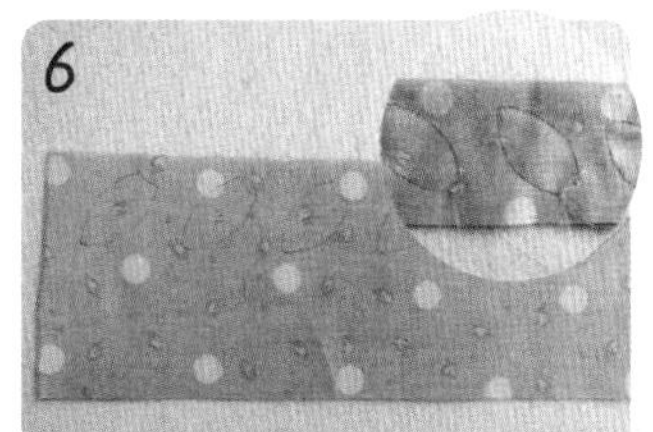

5. 贴好 1~5 号小布块。
6. 6~11 号是立体花瓣，在长方形蓝色布块上如图画好花瓣。将蓝色布块正面对折，缝合花瓣轮廓线，花瓣根部为返口不要缝。

7. 从返口翻回正面，熨烫平整后疏缝在花心位置。制作布包扣，贴布缝在花心位置，盖住花瓣根部的毛边。
8. 按照纸型顺序依次完成除 25 号、29 号布块外的全部贴布。

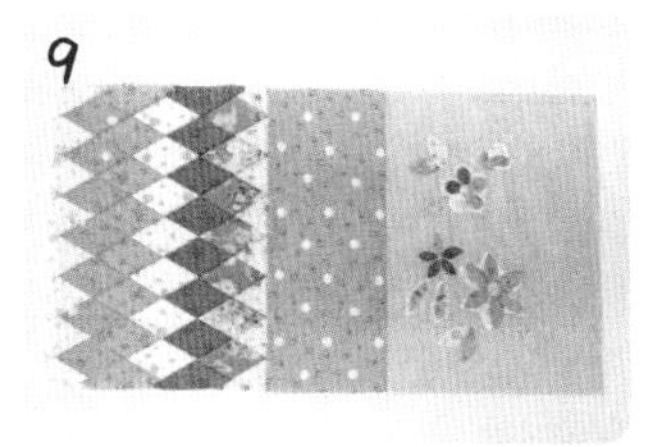

9. 裁剪 28cm × 12cm 的包底布，如图将前片、包底布、后片拼接好。
10. 表布正面朝下，叠在正面朝上的内里布上，最下方是单胶铺棉（有胶一面朝下）三层一起缝合红色标注部分的缝份线。

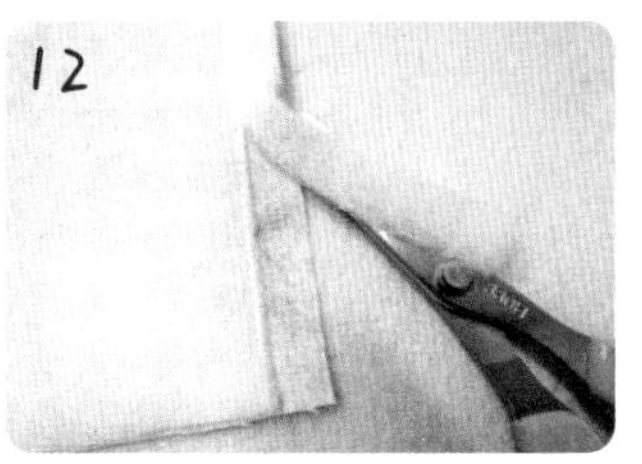

11. 裁剪两片 21cm × 12cm 的包侧布，参考步骤 10 方法，三层一起缝合红色标注部分的缝份线。
12. 修剪掉缝线外的多余铺棉，注意不要剪到缝线。

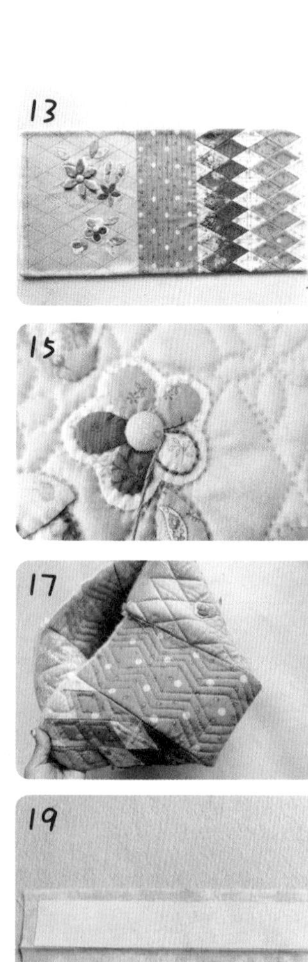

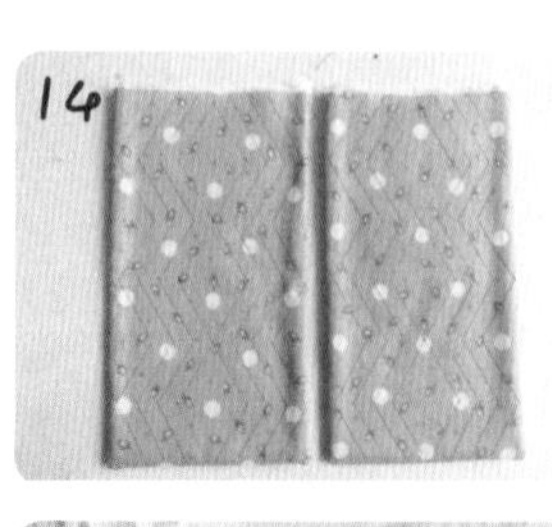

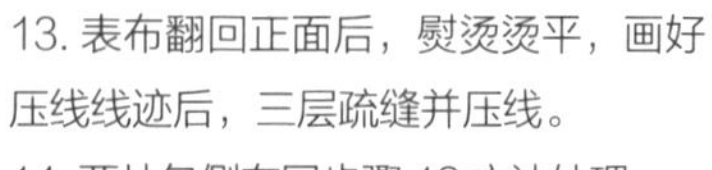

13. 表布翻回正面后，熨烫烫平，画好压线线迹后，三层疏缝并压线。
14. 两片包侧布同步骤 13 方法处理。

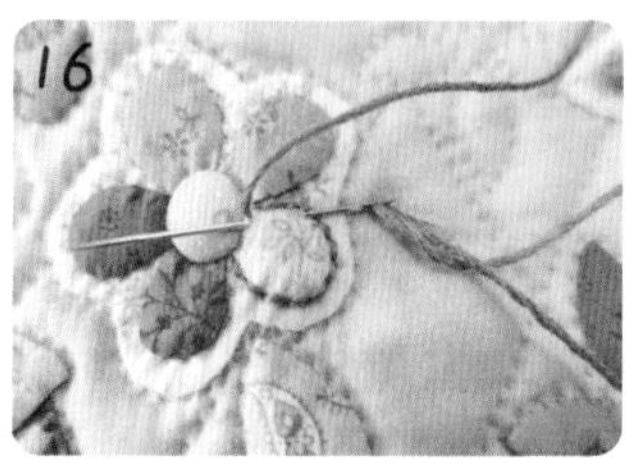

15. 全部压线工作完成后，取绣线绣 25 号和29号花瓣，先用回针绣将外轮廓绣好。
16. 将花瓣部分如图填充，绣线 3~6 股均可，图上用的是 6 股线，再取 3 股线绣线回针绣绣好枝条。

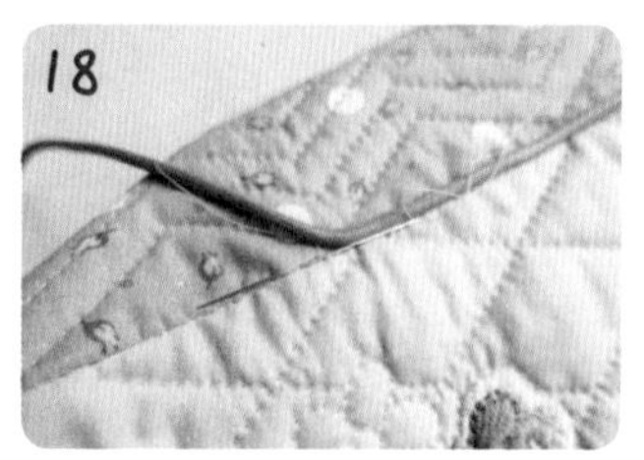

17. 将包侧布与表布藏针缝缝合。
18. 在缝合接缝处，再藏针缝缝上装饰腊绳。

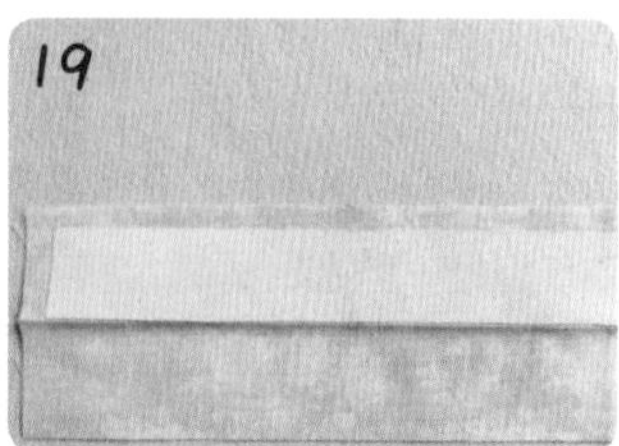

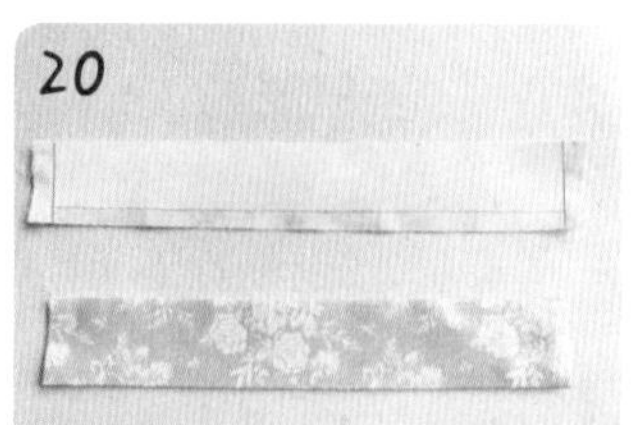

19. 制作拉链布：裁剪两片 3.5cm × 28cm 的厚布衬（无须留缝线），裁剪两片 7cm × 28cm 的拉链布（需另加 1cm 缝份），如图将厚布衬烫在拉链布背面。
20. 如上图正面对正面对折拉链布，缝合红线标注的缝份线，从返口翻回正面后形成下图所示拉链布条。

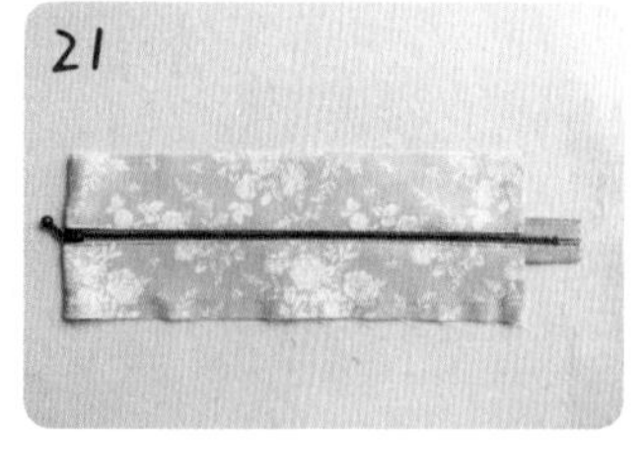

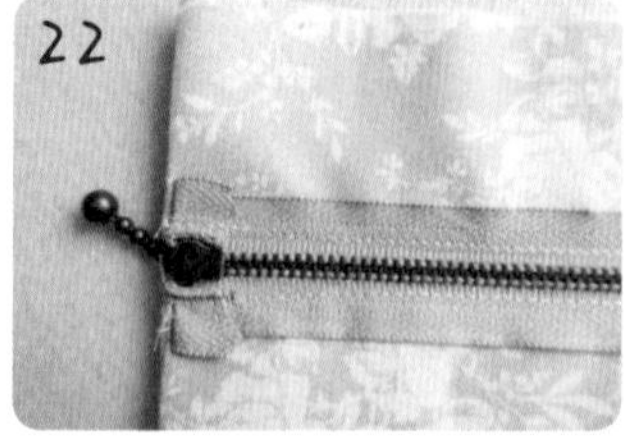

21. 将拉链头那端的拉链布翻折后，把拉链缝在拉链布上（不是返口的一侧）。
22. 背面如图。

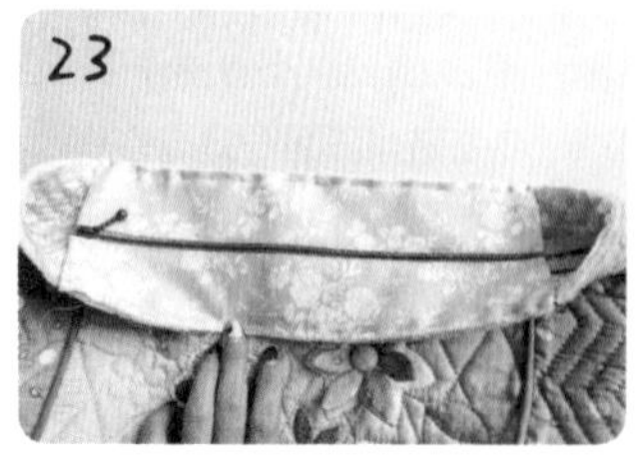

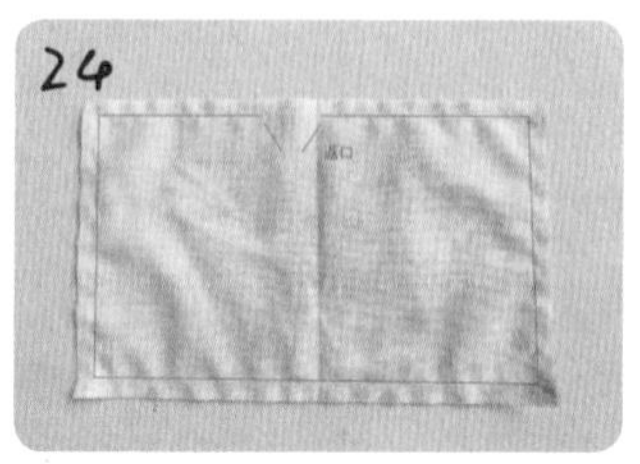

23. 把拉链布疏缝在包口位置，包口绲边。
24. 制作包底板布，裁剪两片 20cm × 12cm 内里布，正面相对缝合四周留一返口。

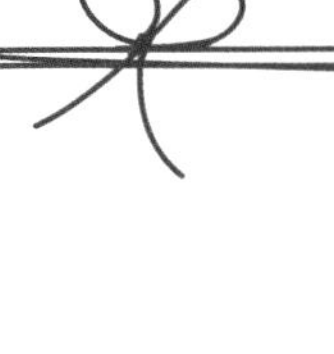

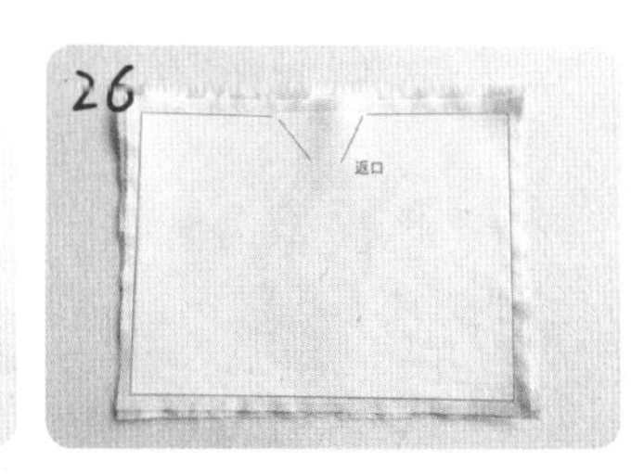

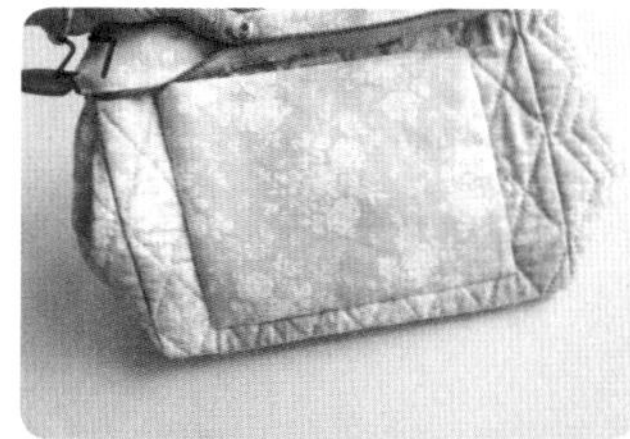

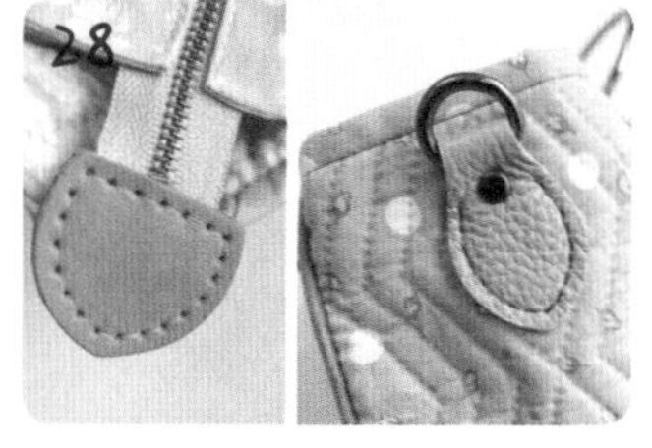

25. 翻回正面藏针缝合返口，再藏针缝两长边到包底正中间，塞入包底板。

26. 裁剪一片 20cm × 15cm 厚布衬（无须缝份）和两片 20cm × 15cm 内里布（另留缝线），把厚布衬烫在一片内里布背面，与另一片内里布正面相对，缝合四周留返口。

27. 翻回正面藏针缝缝合返口，再藏针三边到包包内里处，完成口袋。

28. 缝上所有皮件。

29. 包包完成。

27
陌上花开水桶包

材料：
拼布用布和贴布用布共20色各适量、
内里布 25cm×80cm、
皮把手一组。

成品尺寸：长27cm，宽24cm，厚11cm

用暖色系的布料在皮质水桶包上拼出一个春天。

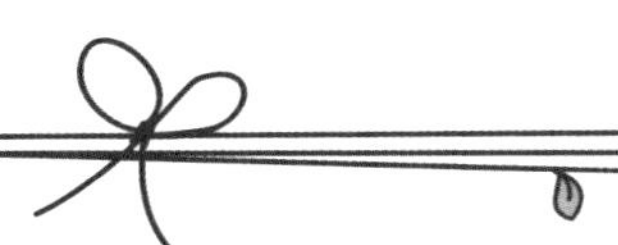

步骤

纸型尺寸为实际尺寸，请留 1cm 缝份后剪布，两两拼接后再把缝份修成 0.7cm。

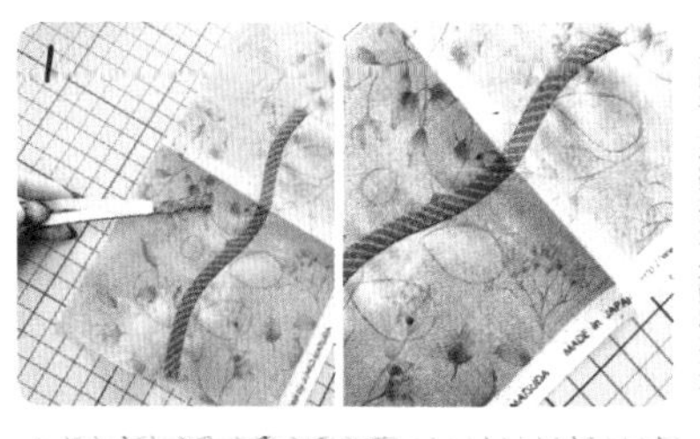

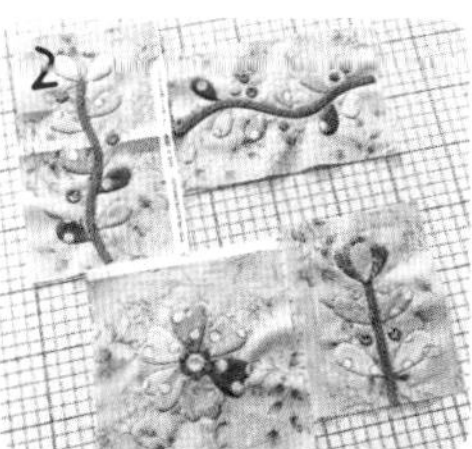

1. 根据纸型尺寸裁剪底布，用水消复写纸和水消笔在底布上转印好贴布图案，以 45 度斜裁 2cm 宽布条，用 9mm 制带器做成枝条。贴布缝缝好枝条，上端要翻折进去。
2. 再把其他叶子和圆全部贴好。其他区块的贴布也完成。

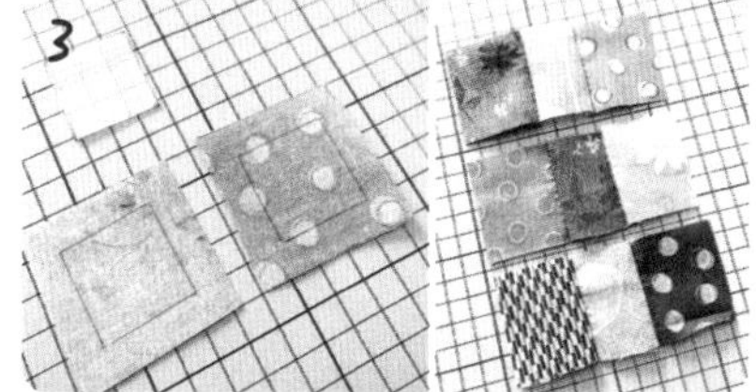

3. 裁剪边长为 3cm 的正方形布块，四周先都留 1cm 缝份后剪下。拼接后再把拼接处缝份修成 0.7cm，也就是外轮廓留的缝份是 1cm。
4. 其他区块的正方形布块拼接也相应完成。

5. 如图组合区块拼接。
6. 表布拼接完成后压线。

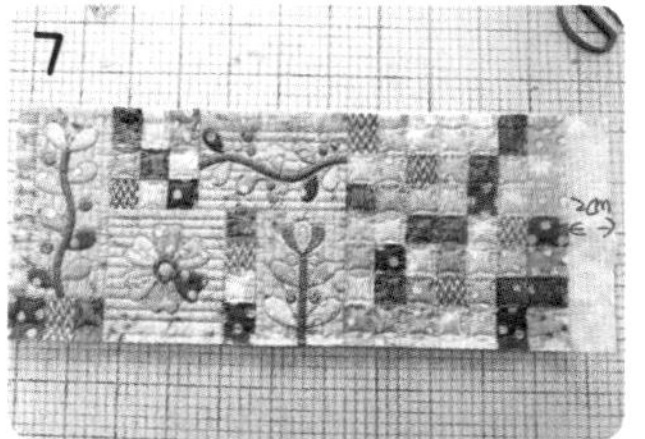

7. 用水消笔画好压线线迹把表布烫单面带胶铺棉上，内里布其中一个宽边要预留 2cm 以上的布，烫好铺棉的表布与内里布重叠三层疏缝并压线。
8. 修剪好多余的铺棉和内里布后，如图正面相对，缝合宽边。修剪掉缝份内多余的铺棉。

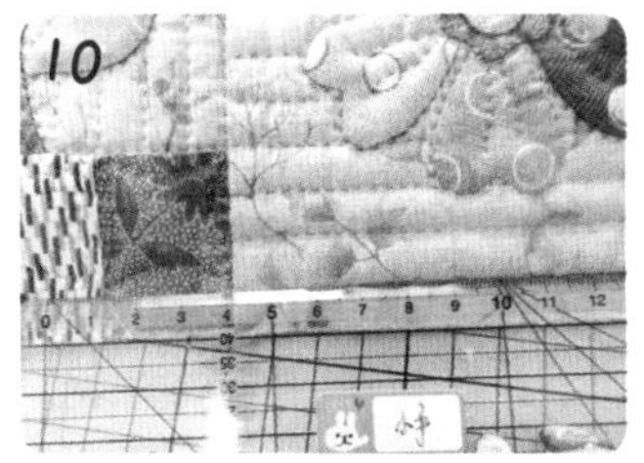

9. 用步骤 10 中预留的 2cm 内里布把裸露的缝份包边。
10. 翻回正面，包底画 1cm 的对齐线，包口画 0.7cm 的对齐线。

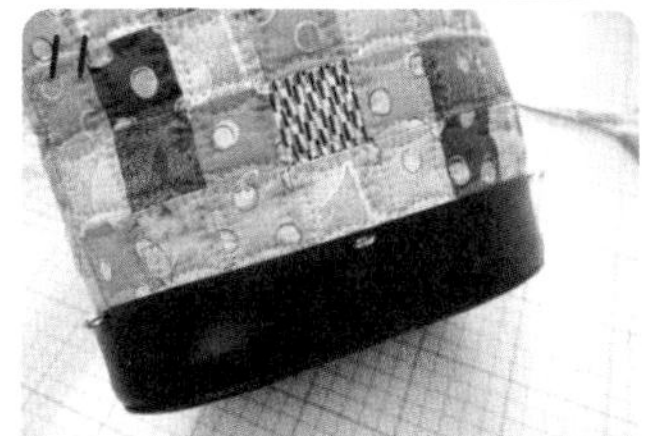

11. 把表布塞进皮件里，皮件边与步骤 10 中画的对齐线对齐，缝合皮件。
12. 包口皮件相同方式处理，包包完成。

图书在版编目（CIP）数据

手缝时光 ：我的拼布日记 / 蔡燕燕著 . -- 南京 ：
江苏凤凰科学技术出版社，2018.10
ISBN 978-7-5537-9500-3

Ⅰ . ①手… Ⅱ . ①蔡… Ⅲ . ①布料－手工艺品－制作
Ⅳ . ① TS973.51

中国版本图书馆 CIP 数据核字 (2018) 第 165099 号

手缝时光——我的拼布日记

著　　者　蔡燕燕
项目策划　苑　圆　郑亚男
责任编辑　刘屹立　赵　研
特约编辑　苑　圆　王雨佳

出版发行　江苏凤凰科学技术出版社
出版社地址　南京市湖南路1号A楼，邮编：210009
出版社网址　http：//www.pspress.cn
总　经　销　天津凤凰空间文化传媒有限公司
总经销网址　http：//www.ifengspace.cn
印　　刷　北京博海升彩色印刷有限公司

开　　本　710 mm×1000 mm　1 / 16
印　　张　6
版　　次　2018年10月第1版
印　　次　2018年10月第1次印刷

标准书号　ISBN 978-7-5537-9500-3
定　　价　58.00元

图书如有印装质量问题，可随时向销售部调换（电话：022-87893668）。